JIANZHU
FANGHUO JISHU 200WEN

U0159437

建筑
防火技术 200 问

王 旭 主 编
张 亮 副主编

中国电力出版社
CHINA ELECTRIC POWER PRESS

内 容 提 要

本书以现行国家有关防火规范为技术主线，结合编者的实践经验，采用问答形式介绍了建筑防火技术，为读者提供直观翔实的建筑防火基本概念、技术要求、合理措施等。全书共分七章，主要内容包括建筑耐火基本知识、建筑内部装修防火、建筑消防系统、火灾自动报警系统、消防联动控制系统、建筑电气防火、建筑消防系统的布线与接地。

本书可供从事建筑工程消防施工、监理和检测的人员使用，也可供企事业单位的消防安全管理人员及高等院校建筑、消防专业师生阅读参考。

图书在版编目（CIP）数据

建筑防火技术 200 问/王旭主编. —北京：中国电力出版社，2020.6
ISBN 978-7-5198-3656-6

Ⅰ.①建… Ⅱ.①王… Ⅲ.①建筑设计—防火—问题解答 Ⅳ.①TU892-44

中国版本图书馆 CIP 数据核字（2019）第 192156 号

出版发行：中国电力出版社

地　　址：北京市东城区北京站西街 19 号（邮政编码 100005）

网　　址：http://www.cepp.sgcc.com.cn

责任编辑：莫冰莹（010－63412526）

责任校对：黄 蓓 马 宁

装帧设计：王红柳

责任印制：杨晓东

印　　刷：三河市万龙印装有限公司

版　　次：2020 年 6 月第一版

印　　次：2020 年 6 月北京第一次印刷

开　　本：850 毫米×1168 毫米　32 开本

印　　张：9.625

字　　数：234 千字

定　　价：48.00 元

编委会

前　言

随着我国经济和城市建设的快速发展，各类用火、用电、用油、用气等场所大量增加，引发火灾、导致火灾蔓延扩大的不安全因素越来越多，各类建筑火灾事故时有发生。在对这些火灾事故进行多层面的分析研究中发现，火灾防范等技术还有待进一步完善和加强。基于此，我们编写了本书。

本书介绍了建筑防火技术，采用简明的问答形式对内容进行编排与组织，使读者更容易找到关注的问题和答案，便于理解和掌握相关知识点。全书共分七章，主要内容包括建筑耐火基本知识、建筑内部装修防火、建筑消防系统、火灾自动报警系统、消防联动控制系统、建筑电气防火、建筑消防系统的布线与接地。

本书可供从事建筑工程消防设计、施工、监理和检测的人员使用，也可供企事业单位的消防安全管理人员及高等院校建筑、消防专业师生阅读参考。

由于编者的经验和学识所限，加之当今我国建筑消防技术的飞速发展，尽管编写人员尽心尽力，但不妥和疏漏之处在所难免，敬请广大读者批评指正，以便及时修订与完善。

编　者

目 录

第一章 建筑耐火基本知识

第一节 建筑火灾烟气及流动与控制

问 1 火灾烟气是如何产生的？

火灾烟气是指发生火灾时物质在燃烧和热分解作用下生成的产物与剩余空气的混合物。主要包括可燃物热解或者燃烧产生的气相产物，如未燃气体、水蒸气、二氧化碳（CO_2）、一氧化碳（CO）、多种低分子的碳氢化合物及少量的硫化物、氯化物、氰化物等；由于卷吸而进入的空气；多种微小的固体颗粒和液滴。

当火灾发生时，建筑物中大量的建筑材料、家具、衣服、纸张等可燃物受热分解，并与空气中的氧气发生氧化反应，产生各种生成物。完全燃烧所产生的烟气的成分中，主要为二氧化碳（CO_2）、水、二氧化氮（NO_2）、五氧化二磷或者卤化氢等，其中有毒有害物质相对较少。但是，根据火灾的产生过程和燃烧特点，除了处于通风控制下的充分发展阶段以及可燃物几乎耗尽的减弱阶段，火灾的过程常常处于燃料控制的不完全燃烧阶段。不完全燃烧所产生的烟气成分中，除了上述生成物外，还可以产生一氧化碳、有机磷、烃类、多环芳香烃、焦油以及炭屑等固体颗粒。这些固体颗粒的直径约为 $10 \sim 100\mu m$，在温度和氧浓度足够高的前提下，这些碳烟颗粒可以在火焰中进一步氧化，或者直接以碳烟的形式离开火焰区。火灾初期有焰燃烧产生的烟气颗粒则几乎全部由固体颗粒组成。其中只有一小部分颗粒在高热通量作用下脱离固体灰分，大部分颗粒则是在氧浓度较低的情况下，由于不完全燃烧和高温分解而在气相中形成的碳颗粒。这两种类型的烟气都是可燃的，一旦被点燃，在通风不畅的空间内极有可能发展为爆炸。

问2　火灾烟气有什么危害？

烟气的危害性集中反映在以下三个方面：

1. 对人体的危害

在火灾中，人员除了直接被烧或者跳楼死亡之外，其他的死亡原因大都和烟气有关，主要有：

（1）CO中毒。CO被吸入人体后和血液中的血红蛋白结合成为一氧化碳血红蛋白，从而阻碍血红蛋白把氧气输送到人体各个部位。当CO和血液50％以上的血红蛋白结合时，便能够造成脑和中枢神经系统严重缺氧，继而失去知觉，甚至死亡。即使CO的吸入量在50％以下，也会因缺氧而出现头痛无力以及呕吐等症状，最终仍可导致不能及时逃离火场而死亡。不同浓度的CO对人体的影响程度见表1-1。

表1-1　　　　　　　不同浓度的CO对人体的影响程度

空气中一氧化碳含量（％）	对人体的影响程度
1	对小时对人体影响不大
5	1.0h内对人体影响不大
10	1.0h后头痛，不舒服，呕吐
50	引起剧烈头晕，经过20～30min有死亡危险
100	呼吸数次失去知觉，经过1～2min即可能死亡

（2）缺氧。在着火区域的空气中充满了CO、CO_2及其他有毒气体，加之燃烧需要大量的O_2，这就造成空气的含氧量大大降低。发生爆炸时甚至可以降到5％以下，此时人体会受到强烈的影响而导致死亡，其危险性也不亚于CO。空气中缺氧时对人体的影响情况见表1-2。气密性较好的房间，有时少量可燃物的燃烧也会造成含氧量降低较多。

表 1-2　　　　　　　　缺氧对人体的影响情况

空气中氧的浓度（％）	症　状	空气中氧的浓度（％）	症　状
21	空气中含氧的正常值	12～10	感觉错乱，呼吸紊乱，肌肉不舒畅，很快疲劳
20	无影响	10～6	呕吐，神志不清
16～12	呼吸、脉搏跳动次数增加，肌肉有规律的运动受到影响	6	呼吸停止，数分钟后死亡

（3）烟气中毒。木材制品燃烧产生的醛类，聚氯乙烯燃烧产生的氯化氢和其他有毒气体都是刺激性很强的气体，甚至是致命的。随着新型建筑材料以及塑料的广泛使用，烟气的毒性也越来越大，火灾疏散时的有毒气体允许浓度见表 1-3。

（4）窒息。火灾时，人们可能因头部烧伤或者吸入高温烟气而使口腔及喉部肿胀，以致引起呼吸道阻塞窒息。此时，如得不到及时抢救，就有被烧死或者被烟气毒死的可能。

表 1-3　　　　　　　　火灾疏散时有毒气体允许浓度

毒性气体种类	允许浓度	毒性气体种类	允许浓度	毒性气体种类	允许浓度
一氧化碳 CO	0.2	氯化氢 HCl	0.1	氨 NH_3	0.3
二氧化碳 CO_2	3.0	光气 $COCl_2$	0.0025	氢化氰 HCN	0.02

在烟气对人体的危害中，一氧化碳的增加和氧气的减少影响最大。起火后这些因素是相互混合共同作用于人体的，这比其单独作用更具危险性。

2. 对疏散的危害

在着火区域的房间以及疏散通道内，充满了含有大量 CO 及各种燃烧成分的热烟，甚至远离着火区域的地方以及着火区域上部空间也可能烟雾弥漫，对人员的疏散带来了极大的困难。烟气中的某些成分会对眼睛、鼻、喉产生强烈刺激，使人们视力下降且呼吸困难。浓烟会引发人们的恐惧感，使人们失去行为能力甚至出现异常行为。烟气集中在疏散通道的上部空间，通常使人们掩面弯腰地摸索行走，速度既慢又不易找到安全出口，甚至还可能走回头路。人们在烟中停留 1～2min 就可能昏倒，4～5min 即有死亡的危险。

3. 对扑救的危害

消防队员在进行灭火救援时，同样会受到烟气的威胁。烟气严重阻碍消防员的救援行动；弥漫的烟雾影响消防队员视线，使消防队员很难找到起火点，也难辨别火势发展的方向，灭火方案难以有效地开展。同时，烟气中某些燃烧产物还有造成新的火源和促使火势发展的危险；不完全燃烧物可能继续燃烧，有的还能与空气形成爆炸性混合物；带有高温的烟气会因气体的热对流和热辐射而引燃其他可燃物，导致火场扩大，给扑救工作带来更大的难度。

问3 烟气的流动有哪些阶段？

1. 羽流阶段

火灾燃烧中，起火可燃物上方的火焰以及流动烟气通常称为羽流。羽流大体上由火焰和烟气两个部分组成。羽流的火焰大多数为自然扩散火焰，而烟气部分则是由可燃物释放的烟气产物和羽流在流动过程中卷吸的空气。羽流在烟气的流动与蔓延的过程中起到重要的作用。

2. 顶棚射流阶段

若烟气羽流受到顶棚的阻挡，则热烟气将形成沿顶棚下表面水平流动的顶棚射流。顶棚射流是一种半受限的重力分层流。当烟气在水平顶棚下积累到一定的厚度时，便会发生水平流动。羽流在顶棚上撞击区大体为圆形，刚离开撞击区边缘的烟气层不太厚，顶棚射流由此向四周扩散。顶棚的存在将表现出固壁边界对流动的黏性影响，因此在十分贴近顶棚的薄层内，烟气的流速较低；随着垂直向下离开顶棚距离的增加，其速度也跟着不断增加；超过一定距离后，速度便逐渐降低为零。这种速度分布使得射流前锋的烟气转向下流，然而热烟气仍具有一定浮力，还会很快上浮，于是顶棚射流中便形成一连串的旋涡，它们可以将烟气层下放的空气卷吸进来，因此顶棚射流的厚度逐渐增加，而速度逐渐降低。

3. 烟气溢流阶段

在大空间建筑中，如果裙房或者中庭内的小房间起火，火灾烟气将会在起火房间内充填。当烟气层的高度下降到房间开口的上沿时，将会从房间内溢出到中庭内，从而形成烟气溢流。当火灾到达溢流阶段时建筑物内的通风状况将对烟气的走向产生很大的影响，另外建筑物内各个房间的开口尺寸、开口位置和数量也是影响烟气溢流的重要因素。

> **问 4** 火灾烟气的流动有哪些形式?

1. 开口处的烟气流动

当开口处的两侧有压力差时，会发生气流流动。与开口壁的厚度相比，开口面积很大的孔洞的气体流动，称为孔口流动。如图 1-1所示。

2. 门口处的烟气流动

在门洞等纵向开口处，当两个房间有温差时，其压力差是不同的，烟气流动随着高度不同而不同，如图 1-2所示。

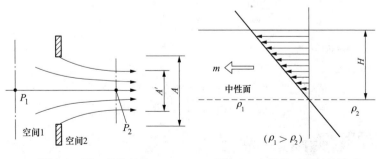

图 1-1 开口处的气流　　　图 1-2 有温差时烟气的流动

3. 竖井内的烟气流动

建筑物越高，则烟囱效应就越明显。北方在取暖季节，竖井内部都会产生上升气流。火灾初期产生的烟气，在建筑物的低层部分，也会乘着上升的气流向顶部升腾。

通过实验研究高层建筑竖井内烟气的扩散情况如图 1-3 所示。为了研究方便，忽略了外部风对烟气流动的影响。在竖井的下部，压力低于室外气压，而在上部的压力却高于室外，各个房间的压力处于大气压与竖井压力之间，从整体来看，以建筑高度的中部为界，新鲜空气从下部流入，而烟气则从上部排出。假设火灾房间的窗户受火灾作用而受到破坏，出现大的通风口后，火灾房间的压力就与大气压相接近，其窗口也有部分烟气排出。而且火灾房间与竖井压差变大，因此，涌入竖井的烟气将会更加剧烈。

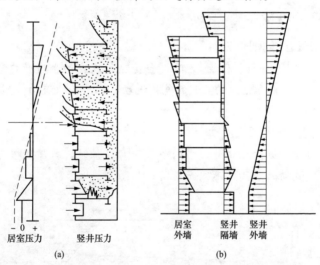

图 1-3　高层建筑的烟气蔓延与压力分布
（a）以大气压力为准的压差；（b）作用在墙壁上的压差

问 5　什么是自然排烟？

自然排烟方式是利用火灾时产生的热烟气流的浮力热压或其他

自然作用力。通过建筑物的自然排烟竖井（排烟塔）或者开口部分（包括阳台、门窗）向上、向室外排烟，如图1-4和图1-5所示。

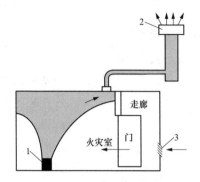

图1-4 竖井自然排烟方式

1—火源；2—风帽；3—进风口

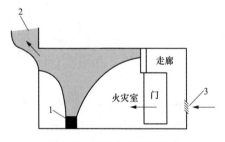

图1-5 窗口自然排烟方式

1—火源；2—排烟口；3—进风口

自然排烟的优点是构造简单、经济、不需要专门的排烟设备及动力设施，运行维修费用低，排烟口可兼作平时通风换气使用。对于顶棚高大的房间，若在顶棚上开设排烟口，自然排烟效果好。缺点是自然排烟效果受室外气温、风向、风速的影响，特别是排烟口设置在上风向时，不仅排烟效果大大降低，还可能会出现烟气倒灌现象，使烟气扩散蔓延到未着火的区域。

自然排烟的设置应注意以下几个要点：

（1）在进行自然排烟设计时，应将排烟口设置在有利于排烟的位置，并对可开启的外窗面积进行校核计算。

（2）对于高层住宅以及二类高层建筑，应尽可能利用不同的朝向开启外窗来排除前室的烟气。

（3）排烟口位置越高，排烟效果越好。所以，排烟口通常设置在墙壁的上部靠近顶棚处或者顶棚上。当房间高度小于 3m 时，排烟口的下缘应在距离顶棚面 80cm 以内；当房间高度在 3～4m 时，排烟口下缘应在距离地板面 2.1m 以上部位；当房间高度大于 4m 时，排烟口下缘在房间总高度一半以上即可，如图 1-6 所示。

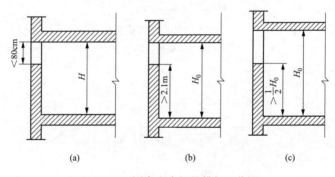

图 1-6　不同高度房间的排烟口位置

(a) $H_0 < 3m$；(b) $H_0 = 3～4m$；(c) $H_0 > 4m$

（4）对于中庭以及建筑面积大于 500m² 且两层以上的商场、公共娱乐场所，宜设置与火灾报警系统联动的自动排烟窗；当设置手动排烟窗时，还应设有方便开启的装置。

（5）内走廊和房间的自然排烟口，至该防烟分区最远点应在 30m 内。

（6）自然排烟窗、排烟口、送风口应由非燃材料制成，宜设置手动或者自动开启装置，手动开关应设在距地坪 0.8～1.5m 处。

（7）为了减小风向对自然排烟的影响，当采用阳台、凹廊为防烟前室时，应尽量设置与建筑物色彩、体型相适应的挡风设施。

自然排烟开窗面积，应符合下列要求：

1）靠外墙的防烟楼梯间，每五层内可开启外窗总面积之和不小于 $2m^2$；防烟楼梯间的前室，消防电梯前室可开启外窗面积不小于 $2m^2$；合用前室不应小于 $3m^2$。

2）需要排烟的，可开启外窗面积不小于该房间面积的 2%。

3）长度不超过 60m、两端有可开启外窗的内走道，可开启外窗面积不应小于走道面积的 2%。

4）净空高度小于 12m 的中庭，可开启的天窗或高侧窗的面积不应小于该中庭面积的 5%。

问6　什么是机械排烟？

机械排烟是利用排烟机把着火房间中所产生的烟气和热量通过排烟口排至室外，同时在着火区形成负压，防止烟气向其他区域蔓延。火灾时，高温烟气以及受热膨胀的空气导致着火灾区域的压力高于其他区域 10~15Pa，最高可达 35~40Pa，必须要有比烟气生成量大的排烟量，才有可能使着火区产生一定的负压，用来实现对烟气蔓延的有效控制。机械排烟方式是烟气控制的一项有效措施。

问7　什么是加压送风防烟？

加压送风防烟是利用通风机所产生的气体流动和压力差来控制烟气蔓延的防烟措施。即在建筑物发生火灾时，对着火区以外的走廊、楼梯间等疏散通道进行加压送风，使其保持一定的正压，防止烟气侵入。此时，着火区应处于负压，着火区开口部位不出现中和面，开口部位上缘内侧压力的最大值不能超过外侧加压送风疏散通道的压力。

加压送风系统主要有以下几种方式：

（1）仅对防烟楼梯间加压送风（前室不加压）。

（2）对防烟楼梯间及前室分别加压。

（3）对防烟楼梯间及有消防电梯的合用前室分别加压。

（4）仅对消防电梯的前室加压。

（5）防烟楼梯间具有自然排烟条件，仅对前室及合用前室加压。

第二节　建筑结构构件的耐火性能

问8　什么是建筑结构构件耐火极限？

建筑结构构件的耐火极限是指在标准耐火试验条件下，建筑构件、配件或结构从受到火的作用时起，至失去稳定性、完整性或隔热性时止所用的时间，用小时表示。

失去稳定性是指结构构件在火灾中丧失承载能力，或达到不适宜继续承载的变形。对于梁和板，不适于继续承载的变形定义是最大挠度超过 $l/20$，其中 l 是试件的计算跨度。对于柱，不适于继续承载的变形定义是柱的轴向压缩变形速度超过 $3h$（mm/min），其中 h 为柱的受火高度，单位用米表示。

失去完整性是指分隔构件（如楼板、门窗、隔墙等）一面受火时，构件出现穿透裂缝或穿火孔隙，使火焰能穿过构件，造成背火面可燃物起火燃烧。

失去隔热性是指分隔构件一面受火时，背火面温度达到 220℃，可造成背火面可燃物（如纸张、纺织品等）起火燃烧。

问9　什么是建筑整体结构耐火极限？

建筑结构整体的耐火极限是指建筑确定的区域发生火灾，受火灾影响的有关结构构件在标准升温条件下，使整体结构失去稳定性所用的时间，用小时表示。

第二章 建筑内部装修防火

第一节　建筑内部装修材料的分类和分级

问 10　什么是建筑内部装修？

建筑内部装修是指包括对顶棚、墙面、地面、隔断等建筑的装修，以及固定家具、窗帘、帷幕、床罩、家具包布、固定饰物等。隔断是指分隔室内空间的不到顶的隔墙，到顶的固定隔断应与墙面相同；柱面的装修应与墙面相同；兼有空间分隔功能的到顶橱柜应认定为固定家具。

问 11　建筑内部装修材料如何分类？

为了便于对材料的燃烧性能进行测试和分级，安全合理地根据建筑的规模、用途、场所、部位等选用内部装修材料，按照装修材料在内部装修中的使用部位和功能不同，将其划分为七类，即顶棚装修材料、墙面装修材料、地面装修材料、隔断装修材料、固定家具装饰材料、装饰织物装饰材料及其他装饰材料。这里所说的装饰织物指窗帘、帷幕、床罩、家具包布等，其他装饰材料指楼梯扶手、挂镜线、踢脚板、窗帘盒、暖气罩等。

问 12　装修材料燃烧性能如何分级？

建筑装修材料按其燃烧性能分为四级，见表2-1。

建筑装修材料的燃烧性能等级，应由国家法定检测机构检测确定。不同级别的材料应按照不同的方法进行检测和确定。

表 2-1 装修材料燃烧性能等级

等级	装修材料燃烧性能
A	不燃烧
B_1	难燃烧
B_2	可燃烧
B_3	易燃烧

(1) 在装修工程中，胶合板的用量很大，根据国家防火建筑材料质量监督检测中心提供的数据，涂刷一级饰面型防火涂料的胶合板能达到 B_1 级。为了便于使用，避免重复监督检测，所以当胶合板表面涂刷一级饰面型防火涂料时，可作为 B_1 级装修材料使用。但饰面型防火涂料的等级应符合现行国家标准 GB 12441—2005《饰面型防火涂料》的有关规定。当胶合板用于顶棚和墙面装修并且不内含电器、电线等物体时，胶合板的内外表面以及相应的木龙骨应当涂防火涂料，或采用阻燃浸渍处理达到 B_1 级。

(2) 纸面石膏板不能只作为 B_1 材料使用。考虑到纸面石膏板用量极大这一客观实际，以及 GB 50016—2014《建筑设计防火规范》中，认定贴在钢龙骨上的纸面石膏板为非燃材料这一事实，安装在钢龙骨上的燃烧性能达到 B_1 的纸面石膏纸、矿棉吸声板，可作为 A 级装修材料使用。

(3) 纸质、布质壁纸的材质主要是纸和布，这类材料热分解产生的可燃气体少，发烟小。尤其是被直接粘贴在 A 级基材上且重量小于 $300g/m^2$ 时，在试验过程中，几乎不出现火焰蔓延的现象，所以，单位重量小于 $300g/m^2$ 的纸质、布质壁纸，当、直接粘贴在 A 级基材上时，可作为 B_1 级装修材料使用。

(4) 涂料在室内装修中使用量大而面广，一般室内涂料涂覆比小，涂料中的颜料、填料多，火灾危险性不大。一般室内涂料湿涂覆比不会超过 $1.5kg/m^2$。所以，施涂于不燃性基材上的有机涂料均可作为 B_1 级材料使用；施涂于 A 级基材上的无机装饰涂料，可作为 A 级装修材料使用；施涂于 A 级基材上，湿涂覆比小于 1.5kg/m² 的有机装饰涂料，可作为 B₁ 级装修材料使用。涂料施涂于 B₁、B₂ 级基材上时，应将涂料连同基材一起按规定的测试方法确定其燃烧性能等级。

（5）当采用不同装修材料分几层装修同一部位时，各层的装修材料只有贴在等于或高于其耐燃等级的材料上，这些装修材料燃烧性能等级的确认才是有效的。但有时会出现一些特殊的情况，如一些隔声、保温材料与其他不燃、难燃材料复合形成一个整体的复合材料时，对此不宜简单地认定这种组合做法的耐燃等级，应进行整体试验，合理验证。因此，对于复合型装修材料应由国家法定检测机构进行整体测试并划分其燃烧性能等级。

> **问 13**　常用建筑内部装修材料燃烧性能等级如何划分？

常用建筑内部装修材料燃烧性能等级划分见表 2-2。

表 2-2　　　常用建筑内部装修材料燃烧性能等级划分

材料类别	级别	举例
各部位材料	A	花岗石、大理石、水磨石、水泥制品、混凝土制品、石膏板、石灰制品、黏土制品、玻璃、瓷砖、陶瓷锦砖、火山灰制品、粉煤灰制品、石棉制品、蛭石制品、岩棉制品、玻璃棉制品、菱苦土制品、钢铁、铝、铜合金等
顶棚材料	B₁	纸面石膏板、纤维石膏板、铝箔玻璃钢复合材料、水泥刨花板、矿棉装饰吸声板、难燃酚醛胶合板、岩棉装饰板、玻璃棉装饰吸声板、仿瓷面天花板、难燃木材、珍珠岩装饰吸声板、大漆建筑装饰板、经阻燃处理的胶合板、中密度纤维板、玻璃纤维印花装饰板、铝箔复合材料等

续表

材料类别	级别	举 例
墙面材料	B_1	难燃双面刨花板、防火装饰板、难燃仿花岗岩装饰板、氯氧镁水泥装配式墙板、难燃玻璃钢平板、防火塑料装饰板、玻璃钢层压板、PVC 塑料护墙板、轻质高强复合墙板、纸面石膏板、阻燃模压木质复合材料、彩色阻燃人造板、阻燃玻璃钢、水泥木屑板、防火刨花板、马尾松阻燃木材、纤维石膏板、水泥刨花板、矿棉板、玻璃棉板、珍珠岩板、大漆建筑装饰板、合成石装饰板、经阻燃处理的胶合板、中密度纤维板、多彩涂料、经阻燃处理的墙纸、墙布等
	B_2	各类天然木材、木质人造板、竹材、纸制装饰板、装饰微薄木贴面板、印刷木纹人造板、塑料贴面装饰板、聚酯装饰板、复塑装饰板、塑纤板、胶合板等，塑料壁纸、无纺贴墙布、墙布、复合壁纸、天然材料壁纸、人造革等
地面材料	B_1	硬 PVC 塑料地板、水泥刨花板、水泥木丝板、氯丁橡胶地板等
	B_2	半硬质 PVC 塑料地板、木地板、PVC 卷材地板、氯纶地毯等
装饰织物	B_1	经阻燃处理的各类难燃织物等
	B_2	纯毛装饰布、纯麻装饰布、经阻燃处理的其他织物等
其他装饰材料	B_1	聚氯乙烯塑料、酚醛塑料、聚碳酸酯塑料、聚四氟乙烯塑料、三聚氰胺、脲醛塑料、硅树脂、塑料装饰型材、经阻燃处理的各类装饰织物、顶棚材料和墙面材料等
	B_2	经阻燃处理的聚乙烯、聚丙烯、聚氨酯、聚苯乙烯、玻璃钢、化纤织物、木制品等

 问 14 建筑内部装修材料燃烧性能试验有哪些方法？

(1) GB/T 11785—2005《铺地材料的燃烧性能测定 辐射热源法》适用于各种铺地材料，如：纺织地毯、软木板、木板、橡胶板和塑料地板及地板喷涂材料。其结果可反映出铺地材料（包括基材）的燃烧性能。背衬材料、底层材料或者铺地材料其他方面的改变都可能影响试验结果。原理是以空气—燃气为燃料的热辐射板与水平放置的试样倾斜成 $30°$，并面向试样。使辐射板产生规定的辐射通量，沿试样分布。引火器点燃试样开始后，测定燃烧至火焰熄灭处的距离和计算临界辐射通量。辐射通量（W/m^2）是指单位面积的入射热，包括辐射热通量和对流热通量。临界辐射通量是指火焰熄灭处的辐射通量或试验 30min 时火焰传播到的最远位置处对应的辐射通量，两者中的最低值（即火焰 30min 内传播的最远距离处所对应的辐射通量）。

主要试验仪器为辐射试验仪箱，且必须放在离墙和天花板至少 0.4m 的地方。试验箱由厚度（13 ± 1）mm，标称密度 650kg/m³ 的硅酸钙板和尺寸为（110 ± 10）mm×（1100 ± 100）mm 的防火玻璃构成，防火玻璃安装在箱体前面，以便在试验过程中可以观察到整个试件的长度，试验箱的外面可以安装金属保护层。在观察窗口下方，安装一个可紧密关闭的门，由此能让试件平台移入或移出。

从试件夹具内边缘起，试件两侧应分别安装刻度间隔为 50mm 和 10mm 的钢尺。

试验箱下面由可滑动平台构成，它能严格地保证试件夹具处于固定的水平位置。在试验箱和试件夹具之间总的空气流通面积应是（0.23 ± 0.03）m²，且平均分配子试件长边的两边。

辐射热源为一块安装在金属框架中的多孔耐火板，它的辐射面尺寸为（300×450）mm±10mm。辐射板可以承受 900℃ 的高温，并且空气、燃气混合系统必须通过一个适当的装置来保证试验的稳定性和重现性。

辐射板安装于试件夹具上方，其长边与水平方向的夹角为（30 ± 1）°（见图 2-1）。

试件夹具由耐火且厚度为（2.0 ± 0.1）mm 的 L 型不锈钢材料做成，试件的暴露面尺寸为（200 ± 3）mm×（1015 ± 10）mm。试件夹具两端用两螺钉将其固定在滑动钢制平台上，试件可通过各种方式固定在试件夹具上（如钢夹等），试件夹具总厚度为（22 ± 2）mm。

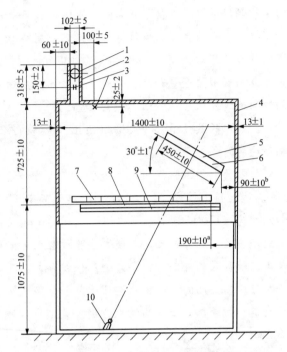

图 2-1 铺地材料辐射板试验器剖面图

1—光测量系统开口；2—箱体烟道；3—热电偶；4—试验箱；5—辐射板；6—辐射面

7—钢尺；8—试件及试件夹具；9—时间滑动平台；10—辐射高温计

a—从容点（试件夹近端边缘）到试验箱内表面测试距离；

b—辐射板边缘到试验箱内表面的测试距离

用于点燃试件的不锈钢点火器，内径为 6mm，外径为 10mm。不锈钢点火器上有两排孔，中心线上平均分布 19 个直径 0.7mm 成放射状的孔，中心线下 600 的线上平均分布 16 个直径 0.7mm 的放射状的孔。

试验中丙烷气流速量应控制在 (0.026 ± 0.002)L/s，不锈钢点火器的放置位置应保证从下排孔产生的火焰能在试件零点前 (10 ± 2)mm 的地方与试件接触。当不锈钢点火器在点火位置时，它应在试件夹具边缘上方 3mm 的地方，当试件不需要点火时，点火器应能从试件零点位置移开至少 50mm，使用热值约为 $83MJ/m^3$ 的商业丙烷气作为试验用燃气。

当丙烷气流量调节至正常值且点火器在试验位置时，点火火焰高度应大致为（60～120）mm。

排烟系统用于抽排燃烧烟气，与箱体烟道大小有直接联系。当辐射板关闭，模拟样品在规定位置且样品出入门关闭时，箱体烟道内的气体流速应为（2.5±0.2）m/s。排烟系统的排烟能力为 $(39～85)m^3/min$（25℃）。

测量排烟通道流速的风速仪精度为±0.1m/s，安装于箱体烟道上，其测量点正好在距离箱体烟道下边缘上方（250±10）mm 的中心线上。

为了控制辐射板的热输出，适合使用测试范围为（480～530）℃（黑体温度），精度为±0.5℃的辐射高温计，它与辐射板距离约 1.4m，能感温到辐射板上直径 250mm 的圆面。辐射高温计的灵敏度恒定在波长 1～9μm 的范围内。

在铺地材料辐射试验箱中应安装两个直径为 3.2mm 的 K 型不锈钢铠装热电偶，该热电偶需要有绝缘和非接地的热接点。该热电偶应安装在箱体顶板下 25mm，箱体烟道内壁后 100mm，试验箱垂直面的纵向中心线上。第二个热电偶插在箱体烟道中间，距离箱体烟道顶部（150±2）mm。每一次试验后要清洁热电偶。

用于测量试件辐射通量的热通量计应选用无开口，直径 25mm 的热通量计。热通量计测量范围为 $(0～15)kW/m^2$，校准时应在辐射通量为 $(1～15)kW/m^2$ 的范围内操作使用时须为热通量计准备温度为（15～25）℃的冷却水源。热通量计的精度为±3%。

校准板是由厚（20±1）mm，密度（850±100）kg/m^3 无涂覆层的硅酸钙板制成，尺寸为长（1050±20）mm，宽（250±10）mm。沿着中心线从试件零点开始，在 110mm、210mm，直到 910mm 的位置开有直径为（26±1）mm 的圆孔。

辐射高温计、热通量计和测烟系统的输出信号应通过适当的方法记录下来。

时间记录装置精度为秒，1h 的计时误差为 1s。

制取 6 个尺寸为 (1050±5)mm×(230±5)mm 的试件。一个方向制取 3 个（如生产方向），在该方向的垂直方向再制取另外 3 个试件。如果试件厚度超过 19mm，长度可减少至 (1025±5)mm。

设定排烟系统的空气流量，移走模拟样品，关闭试样出入门，点燃辐射板，让装置预热至少 1h，直到箱体温度稳定。

测量辐射板黑体温度。与校准时记录的温度相比较，黑体温度的偏差应在±5℃范围内，箱体温度偏差应在±10℃范围内。如果黑体温度和箱体温度超出了给定的温度范围，那么应调整辐射板燃气/空气的输入量。在新的温度测试之前，试验装置需稳定至少 15min，当试验温度达到给定温度要求时，就可进行试验了。如果要测量烟气，那么调节测烟系统，使其输出值等于 100%。在试验之前，保证测试系统的稳定，否则进一步调整。用净化空气检查光源和观察系统，如果有必要可进一步调节使其满足要求。

将试件（包括它的底层材料和基材）安装在试件夹上。然后在组合件背后添加钢夹并紧固螺钉，或者根据样品特性及使用说明书使用其他方法安装。对于多层纺织地毯的试验，可在试验前使用真空吸尘器进行表面清洁，然后把试件安装在夹具内，再放在滑动平台上。点燃点火器，让它离试件零点至少 50mm，将滑动平台移入试验箱并立即关上样品出入门，试验开始，开启计时和记录装置。保持点火器离试件零点至少 50mm，预热 2min 后，让点火器火焰与距试件夹具内边缘 10mm 的试件接触。让点火火焰与试件接触 10min，然后移开点火器，让它离零点至少 50mm，熄灭点火火焰。在试验过程中，辐射板燃气和空气应保持稳定。

试验开始后，每隔 10min 观测火焰熄灭时火焰前端与试件零点前 10mm 间的距离，观察并记录试验过程中明显的现象，比如闪燃、熔化、起泡、火焰熄灭后再燃时间和位置、火焰将试件烧穿等。另外，记录下火焰到达每50mm刻度时的时间和该时刻火焰前端到达的最远距离，精确到10mm。试验应在进行30min后结束，除非委托方要求更长的试验时间。

测试某一方向和与这一方向垂直的两块试件。比较CHF和/或HF-30值，在测试值最低的那个方向再重复两次试验，总共需作4次试验。

(2) GB/T 2408—2008 《塑料 燃烧性能的测定 水平法和垂直法》明确规定了塑料和非金属材料试样处于标称功率50W的小火焰引燃源条件下，水平或垂直方向燃烧性能的实验室测定方法。适用于表观密度不低于$250kg/m^3$的固体以及泡沫材料。

试验装置主要包括实验室通风橱或试验箱、实验室喷灯、金属丝网、量尺、干燥试验箱等。条状试样尺寸应为：长（125±5)mm，宽（13.0±0.5)mm，而厚度通常应提供材料的最小和最大的厚度，但厚度不应超过13mm。边缘应平滑同时倒角半径不应超过1.3mm。也可采用有关各方协商一致的其他厚度，不过应该在试验报告中予以注明。

1) 水平燃烧试验。水平燃烧试验装置示意图如图2-2所示。原理是将长方形条状试样一端固定在水平夹具上，其另一端暴露于试验火焰中。通过测量线性燃烧速率，评价试样的水平燃烧行为。

测量三根试样，每个试样在垂直于样条纵轴处标记两条线，各自离点燃端25mm±1mm和100mm±1mm。在离25mm标线最远端夹住试样，使其纵轴近似水平而横轴与水平面成45°±2°的夹角。在试样的下面夹住一片呈水平状态的金属丝网，试样的下底边与金属丝网间的距离为10mm±1mm，而试样的自由端与金属丝网的自由端对齐。每次试验应清除先前试验遗留在金属丝网上的剩余物或使用新的金属丝网。如果试样的自由端下弯同时不能保持（10±1）

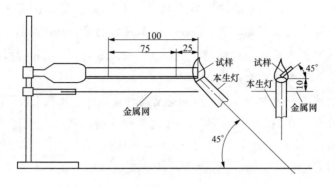

图 2-2　水平燃烧试验装置示意图

mm 的距离时，应使用支撑架。把支撑架放在金属丝网上，使支撑架支撑试样以保持（10±1）mm 的距离，离试样自由端伸出的支撑架的部分近似 10mm。在试样的夹持端要提供足够的间隙，以使支撑架能在横向自由地移动。使喷灯的中心轴线垂直，把喷灯放在远离试样的地方，同时调整喷灯，使喷灯达到稳定的状态。保持喷灯管中心轴与水平面近似成 45°角同时斜向试样自由端，把火焰加到试样自由端的底边，此时喷灯管的中心轴线与试样纵向底边处于同样的垂直平面上。喷灯的位置应使火焰侵入试样自由端近似 6mm 的长度。随着火焰前端沿着试样进展，以近似同样的速率回撤支撑架，防止火焰前端与支撑架接触，以免影响火焰或试样的燃烧。不改变火焰的位置施焰（30±1）s，如果低于 30s 试样上的火焰前端达到 25mm 处，就立即移开火焰。当火焰前端达到 25mm 标线时，重新启动计时器。在移开试验火焰后，若试样继续燃烧，记录经过的时间 t，单位为秒，火焰前端通过 100mm 标线时，要记录损坏长度 L 为 75mm。如果火焰前端通过 25mm 标线但未通过 100mm 标线的，要记录经过的时间 t，单位为秒，同时还要记录 25mm 标线与火焰停止前标痕间的损坏长度 L，单位为 mm。

2）垂直燃烧试验。垂直燃烧试验装置示意图见图 2-3。原理是将长方形条状试样的一端固定在垂直夹具上，其另一端暴露于规定的试验火焰中。通过测量其余焰和余辉时间、燃烧的范围和燃烧颗粒滴落情况，评价试样的垂直燃烧行为。

夹住试样上端 6mm 的长度，纵轴垂直，使试样下端高出水平棉层 300mm±10mm，棉层厚度未经压实，其尺寸近似 50mm×50mm×6mm，最大质量为 0.08g。喷灯管的纵轴处于垂直状态，把喷灯放在远离试样的地方，同时调整喷灯使其产生符合标准的 50W 试验火焰。等待 5min，以使喷灯状态达到稳定。使喷灯管的中心轴保持垂直，将火焰中心加到试样底边的中点，

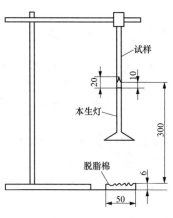

图 2-3 垂直燃烧试验装置示意图

同时使喷灯顶端比该点低（10±1）mm，保持（10±0.5）s，必要时，根据试样长度和位置的变化，在垂直平面移动喷灯。如果在施加火焰过程中，试样有熔融物或燃烧物滴落，则将喷灯倾斜 45°角，并从试样下方后撤足够距离，防止滴落物进入灯管，同时保持灯管出口中心与试样残留部分间距离仍为（10±1）mm，呈线状的滴落物可忽略不计。对试样施加火焰（10±0.5）s 之后，立即将喷灯撤到足够距离，以免影响试样，同时用计时设备开始测量余焰时间 t_1，单位为秒，注意并记录 t_1。当试样余焰熄灭后，立即重新把试验火焰放在试样下面，使喷灯管的中心轴保持垂直的位置，并使喷灯的顶端处于试样底端以下（10±1）mm 的距离，保持（10±0.5）s。在第二次对试样施加火焰（10±0.5）s 后，立即熄灭喷灯或将其移离试样足够远，使之不对试样产生影响，同时利用计时设备开始测量试样的余焰时间 t_2 和余辉时间 t_3，准确至秒。记录 t_2，t_3 及 t_2+t_3。还要注意和记录是否有任何颗粒从试样上落下并且观察

是否将棉垫引燃。

问 15 **建筑内部装修材料燃烧性能等级如何判定?**

装修材料的燃烧性能等级由国家法定检测机构检测确定,B_3 级装修材料可不检测(表 2-3)。

表 2-3 建筑内部装修材料燃烧性能等级判定

A 级装修材料	在进行不燃性试验时,同时符合下列条件的材料,其燃烧性能等级应定为 A 级: (1)炉内平均温度,试样表面平均温升,试样中心平均温升不超过 50℃; (2)试样平均持续燃烧时间不超过 20s; (3)试样平均失重率不超过 50%
B_1 级装修材料	B_1 级顶棚、墙面、隔断装修材料的试验方法,经难燃性试验,同时符合下列条件的应定为 B_1 级: (1)试件燃烧的剩余长度平均值≥150mm,其中没有一个试件的燃烧剩余长度为 0; (2)没有一组试验的平均烟气温度超过 200℃; (3)经过可燃性试验,且能满足可燃性试验的条件
B_2 级装修材料	顶棚、墙面、隔断装修材料,经可燃性试验,同时符合下列条件的应定为 B_2 级: (1)对下边缘无保护的试件,在底边缘点火开始后 20s 内,5 个试件火焰尖头均未到达刻度线; (2)对下边缘有保护的试件,除符合以上条件外,应附加一组表面点火,点火开始后的 20s 内,5 个试件火焰尖头均未到达刻度线
地面装修材料	地面装修材料,经辐射热源法试验,当最小辐射通量大于或等于 0.45W/cm² 时,应定为 B_1 级;当最小辐射通量≥0.22W/cm² 时,应定为 B_2 级

续表

塑料装修材料	塑料装饰材料，经氧指数、水平和垂直法试验，并符合下列条件的，应分别定为 B_1 级和 B_2 级： （1）氧指数法≥32，水平燃烧法 1 级，垂直燃烧法 0 级； （2）氧指数法≥27，水平燃烧法 1 级，垂直燃烧法 1 级
固定家具及其他装修材料	固定家具及其他装修材料的燃烧性能等级应按材质分别进行测试。即塑料按目前常用的三个塑料燃烧测试标准综合考虑；织物按织物的测试方法测定和分级。其他材质按建筑材料难燃性试验方法和可燃性试验方法测试

任何两种测试方法之间获得的结果很难取得完全一致的对应关系。不同的材料燃烧性能等级虽然代号相同，但测试方法是按材料类别分别规定的，不同的测试方法获得的燃烧性能等级之间不存在完全对应的关系，因此应按材料类别规定的测试方法由国家法定检测机构进行检测和确认燃烧性能等级。固定家具及其他装修材料的燃烧性能等级，其试验方法和判定条件，应根据材料的材质，按以上方法确定。

第二节 防火装修材料的应用

问 16 **复合防火玻璃如何分类？**

复合防火玻璃按耐火性可分为甲级、乙级和丙级；按所用的平板玻璃材料可分为普通复合防火玻璃、有色复合防火玻璃、压花复合防火玻璃和磨砂复合防火玻璃。

问 17 **复合防火玻璃的尺寸、厚度允许偏差有何要求？**

复合防火玻璃的尺寸、厚度允许偏差应符合表 2-4 的规定。

表 2-4 　　　　　　复合防火玻璃的尺寸、厚度允许偏差 　　　　（mm）

玻璃的公称厚度 d	长度或宽度（L）允许偏差		厚度允许偏差
	L≤1200	1200<L≤2400	
5≤d<11	±2	±3	±1.0
11≤d<17	±3	±4	±1.0
17≤d<24	±4	±5	±1.3
24≤d<35	±5	±6	±1.5
d≥35	±5	±6	±2.0

注　当 L 大于 2400mm 时，厚度允许偏差由供需双方决定。

问 18　　**复合防火玻璃的外观质量有何要求？**

复合防火玻璃的外观质量应符合表 2-5 的规定。

表 2-5 　　　　　　　　复合防火玻璃的外观质量

缺陷名称	要　　求
气泡	直径 300mm 圆内允许长 0.5～1.0mm 的气泡 1 个
胶合层杂质	直径 500mm 圆内允许长 2.0mm 以下的杂质 2 个
划伤	宽度≤0.1mm，长度≤50mm 的轻微划伤，每平方米面积内不超过 4 条
	0.1mm<宽度<0.5mm，长度≤50mm 的轻微划伤，每平方米面积内不超过 1 条
爆边	每条边长允许有长度不超过 20mm，自边部向玻璃表面延伸深度不超过厚度一半的爆边 4 个
叠差、裂纹、脱胶	脱胶、裂纹不允许存在；总叠差不应大于 3mm

注　复合防火玻璃周边 15mm 范围内的气泡、胶合层杂质不做要求。

问 19　　**复合防火玻璃的耐紫外线辐照性有何要求？**

当复合防火玻璃在有建筑采光要求的场合使用时，应先进行耐紫外线辐照性能测试。复合防火玻璃试样试验后试样不应产生显著变色、气泡及浑浊现象，且试验前后可见光透射比相对变化率应不大于10%。

问20　复合防火玻璃如何存储和安装？

（1）复合防火玻璃的储存。复合防火玻璃储存时应垂直放置，严禁平放。储存时防止雨淋和强烈震动。复合防火玻璃应储存在高于－10℃的干燥通风室内。

（2）复合防火玻璃的安装。复合防火玻璃安装时应小于安装洞口尺寸5mm左右。安装后防火玻璃上面和两侧与洞口的空隙用硅酸铝纤维等不燃材料充填。复合防火玻璃与金属压条间需使用阻燃橡胶密封条。复合防火玻璃的嵌镶结构设计应考虑平时既能使其固定好，火灾时又能允许其膨胀，保障其完整性和稳定性不被过早地破坏。

问21　什么是岩棉板？

岩棉板是以玄武岩为主要原材料，经高温熔融加工得到的一种无机纤维板。它是一种新型的轻质绝热防火板材，在建筑工程中广泛用作建筑物的屋面材料和墙体材料。另外，它还可以作为门芯材料用于防火门的生产中。因为板材在成型加工过程中所掺加的有机物含量一般均低于4%，所以其燃烧性能仍可达到A级（GB 8624—2012《建筑材料及制品燃烧性能分级》），是良好的不燃性板材，可以长时间在400～600℃的工作温度下进行使用。岩棉用于建筑保温时，大体可分为墙体保温、屋面保温、房门保温和地面保温等几个方面。

问22　岩棉板的性能如何？

（1）外观。岩棉板的外观质量要求表面平整，不得有影响使用的伤痕、污迹、破损。

（2）密度。岩棉板的密度一般为 $61\sim200kg/m^3$，密度允许偏差为 $\pm15\%$。也可生产其他密度的产品，其指标由供需双方协商决定。

（3）热导率。岩棉板的热导率低，保温、绝热性能理想，其热导率应 $\leqslant0.044W/(m\cdot K)$（平均温度 70^{+5}_{-2} ℃）。

（4）不燃性。岩棉板中的有机物含量低于 4.0%。按 GB/T 5464—2010《建筑材料不燃性试验方法》进行检测时，不会发出持续超过 20s 的闪光火焰，板材的质量损失率远远低于 50%，而且在试验全过程中炉内温度也不会大于 50℃，属于典型的不燃性材料。

（5）热性能。岩棉板的软化温度是指它发生 50% 软熔变形时的温度，通常可高达 $900\sim1000$℃。

工作温度是指岩棉板完整无损的可以长期使用的温度。通常来说，岩棉板的热荷重收缩温度均不小于 600℃，而通常岩棉板的最高工作温度则可以达到 700℃。

（6）吸湿率。对于防水制品，产品标准要求岩棉板的吸湿率质量应不超过 5%。实际上，大多数产品的吸湿率均远远小于该指标要求，例如实际检测时某国产岩棉板的吸湿率仅为 $0.1\%\sim0.33\%$。

（7）憎水率。按产品标准要求，岩棉板的憎水率应不低于 98.0%。

（8）纤维直径。纤维的粗细是决定岩棉力学性能及绝热性能的重要影响因素。通常来说，岩棉板的纤维直径为 $4\sim7\mu m$，也可以按照产品的力学性能要求来加以调整。

（9）吸声性能。岩棉制品具有很好的吸声性能，因此既可以用于制作吸声的复合材料，也可以用于制作隔声的复合材料。

（10）酸度系数。酸度系数通常是指在岩棉的化学组成成分中，酸性氧化物和碱性氧化物的百分含量之比。酸度系数常用通式 $K=\dfrac{SiO_2+Al_2O_3}{CaO+MgO}$ 来表示，它是评价岩棉纤维质量的主要技术指标之一。高的酸度系数可以确保岩棉纤维具有较好的物理化学性能，目前国内可以提供酸度系数高达 2.0 左右的岩棉纤维来生产岩棉板。

（11）无腐蚀性。岩棉纤维具有比较稳定的化学组成，对被保护的物体没有腐蚀作用。

（12）力学性能。岩棉板具有可压缩性，其压缩率取决于制品的密度及荷载条件。

问 23　什么是岩棉装饰吸声板？

岩棉装饰吸声板是用特种岩棉板为基材，选用先进的工艺生产技术，经表面处理、复合加工而成的一种具有优异的保温、吸声及装饰效果的板状材料。

问 24　岩棉装饰吸声板的性能如何？

岩棉装饰吸声板的规格尺寸通常为 500mm×500mm 和 600mm×600mm，厚度为 10～25mm。其密度通常为 300～400kg/m^3，抗弯强度大于 8.0MPa，热导率为 0.053～0.066W/(m·K)，平均吸声系数为 0.49，吸湿率不超过 2%，燃烧性能等级为 A 级。

问 25　岩棉装饰吸声板有何优点及应用？

岩棉装饰吸声板不但热导率小、吸声系数高，而且它还具有不燃、不蛀、不变形、耐潮湿、吸水率低、轻质以及良好的机械强度、刚度和尺寸稳定性高等一系列优点，因此已成为一种多功能的新型装饰材料。它不仅能降低噪声，改善室内音质，而且即使在多雨的天气里施工或在潮湿的环境中使用时也不会发生变形。

因为外形美观大方，岩棉装饰吸声板已成为一种理想的吸声、隔热装饰材料，被广泛用于各种工业与民用建筑中，例如宾馆、饭店、影剧院、歌舞厅、办公室、会议室、候机大楼、车站、体育馆、展览馆、商场以及住宅、别墅等各种场所，以产生提高音质和控制噪声的作用，也可以当作天花板、内墙装饰和保温隔热材料使用。

问 26　什么是矿棉板？

矿棉板是以粒状棉作为主要原料，再加上胶黏剂等其他材料，经过成型、固化、切割等一系列处理工艺加工制成。矿棉板是一种新型的轻质绝热防火板材，具有吸声、隔声、隔热、防火的功能，在建筑工程中广泛应用于建筑物的屋面材料和墙体材料。另外，它还可以作为门芯材料用于防火门的生产中。矿棉用于建筑保温时，大体可分为墙体保温、屋面保温、房门保温和地面保温等几个方面。

问 27　矿棉板的性能如何？

（1）外观。矿棉板的外观质量要求表面平整，不得有影响使用的伤痕、污迹和破损。

（2）密度。矿棉板的密度一般为 $61\sim200kg/m^3$，密度允许偏差为 $\pm15\%$。另外，也可以生产其他密度的产品，其指标可由供需双方商议协定。

（3）热性能。矿棉板的热导率低，保温、绝热性能理想，其热导率应 $\leqslant0.044W/(m \cdot K)$（平均温度 $70^{+5}_{-2}℃$），热荷重收缩温度不低于 $600℃$。因此，矿棉板可长时间在 $400\sim600℃$ 的工作温度下进行正常使用，其最高工作温度能够达到 $700℃$。例如，某国产矿棉板产品的热导率为 $0.0365W/(m \cdot K)$，传热系数为 $0.000\ 679\ 4m^2/h$，比热容为 $0.9J/(g \cdot ℃)$。

（4）不燃性。矿棉板在成型加工过程中所掺加的有机物的含量通常小于 4%。因此，板材的燃烧性能能够达到 A 级，是良好的不燃性板材。在按 GB/T 5464—2010《建筑材料不燃性试验方法》进行检验时，板材的连续燃烧时间不会大于 20s、质量损失率远远低于50%，而且在试验全过程中炉内平均温升也不会高于50℃，属于典型的不燃性材料的范畴。

（5）吸湿率。对于防水制品，产品标准要求其质量吸湿率应不超过5%。大多数产品的实际吸湿率均远远低于该指标要求。

（6）憎水率。按产品标准的要求，矿棉板的憎水率应不低于98.0%。

问28　矿棉板有何优点及应用？

矿棉板的花纹设计美观清雅，可以广泛应用于各类工业与民用建筑中。应用矿棉板时可以有效地节约能源，因而它尤其适用于普通的商业场所使用。矿棉板的表面坚硬，能够承受施工期间以及维修保养时可能造成的损坏。同时，矿棉板容易安装，安装方式可以有明架、半明架及暗架三种方式以供用户选择。特殊的背面防潮胶膜设计，还能够使它在高相对湿度、高温度的环境中应用，能够在相对湿度90%和环境温度40℃的条件下长期使用，安装后绝不会出现下陷变形，很适合无空调或空调经常关闭的场所使用。

目前，矿棉板已广泛用于礼堂、剧场、录音棚、会议室等公共建筑物的音质处理以及工业厂房的噪声控制。另外，它还可以作为建筑物的天花板和内墙装饰材料使用，保温、隔热效果甚佳。

问29　什么是矿棉装饰吸声板？

矿棉装饰吸声板是以矿棉为主要材料，再加入适量的胶黏剂、防潮剂、防腐剂等各种助剂，经过加压、烘干、饰面等工艺制作而成的一种新型顶棚材料。

问30　矿棉装饰吸声板的成型工艺有哪些？

矿棉装饰吸声板的成型工艺可分为干法成型工艺和湿法成型工艺两种。目前，该种板材以湿法成型工艺生产的居多。

图 2-4 和图 2-5 分别给出了干法成型工艺和湿法成型工艺的工艺流程。

图 2-4　干法成型工艺流程

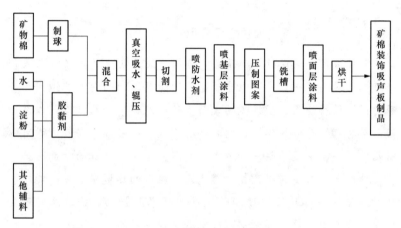

图 2-5　湿法成型工艺流程

注：若矿棉装饰吸声板表面不要图案，则可省去压制图案工序；
　　若矿棉装饰吸声板四周边不要槽、榫，可省去铣槽工序。

问 31　矿棉装饰吸声板的规格、应用形式及安装方法有哪些?

矿棉装饰吸声板按其周边有无槽、榫可分为四种：齐边矿棉装饰吸声板、楔边矿棉装饰吸声板、有槽矿棉装饰吸声板和裁口矿棉装饰吸声板。

矿棉装饰吸声板的产品规格一般有：300mm × 600mm、600mm×600mm、600mm×1200mm 等数种。厚度通常为 9mm、12mm、15mm 和 18mm。

矿棉装饰吸声板的规格及其应用形式，参见表 2-6。

表 2-6 　　　　　　 矿棉装饰吸声板的规格与应用形式 　　　　（mm）

吊顶形式	板材品种及节点	板厚	长×宽	备注
暗龙骨吊顶		15	300×600	节点图中涂黑者为龙骨示意图
暗龙骨吊顶		15	375×1800	
明龙骨吊顶				
明龙骨吊顶		15	597×597	
明龙骨吊顶		9、12、15	300×600 600×600 597×1194 600×1200	
复合平贴吊顶		9.12	300×600	
复合插贴吊顶		9、12	303×606	

　　注　可根据用户要求生产其他规格尺寸的矿棉装饰吸声板。

　　在吊顶工程中，利用矿棉装饰吸声板既能够做成明龙骨吊顶（将板材搭装于吊顶龙骨的两翼上），也能够做成暗龙骨吊顶（将板材四边制成槽、榫以嵌装于吊顶龙骨的两翼上）。这类吊顶板材的表面可以喷（或刷）涂各色涂料或粘贴上各种装饰薄膜而变成具有各种色泽的板材；也可以在喷（或刷）涂涂料后，经过压制工艺处理以制成具有各种立体图案的板材，效果美观、大方、典雅。又因其具有质轻的优点，所以可以贴覆于旧吊顶上以使吊顶翻新。因此，矿棉装饰吸声板是一种非常具有推广应用价值的吊顶板材。

当采用明龙骨安装时，将 T 形龙骨吊装成龙骨架，然后将板材搁置于龙骨架上即可。当采用暗龙骨安装时，将龙骨的两翼插入板材的槽口内即可。当采用粘贴法进行施工时，需将板材背面边沿做胶、平贴放在木龙骨上，定位后再用钉子进行临时性稳固；如果采用轻钢龙骨做骨架，可使用螺钉进行稳固。

安装施工需在土建工程完工并且充分干燥后进行，并且施工现场环境的相对湿度宜低于 80%（特殊板材除外）。在吊顶施工完成后的三天内，不得碰撞板材或调试空调设备。

问 32　矿棉装饰吸声板的性能如何？

（1）防火性能。矿棉装饰吸声板的燃烧性能可为 B_1 级，能够阻止火灾的蔓延，有效地保护建筑结构。

（2）吸声性能。矿棉装饰吸声板具有良好的吸声性能，其吸声率为 0.4～0.6，平均吸声系数为 0.49，能够有效地降低室内噪声，改善生活和工作环境。

（3）保温隔热性能。矿棉装饰吸声板的热导率低，通常在 $0.04W/(m·K)$ 左右，因而保温、隔热性能好，可使室内冬暖夏凉，减少能耗。

（4）吸湿率矿棉装饰吸声板的吸湿率一般低于 2%，因此在使用过程中不易变形。特制板材还可以应用于环境湿度大于 80% 的场所。

（5）质量。矿棉装饰吸声板的密度小于 $500kg/m^3$（干法成型工艺生产的板材密度更小）。因此，搬运、安装方便，装配效率高，有利于提高工作效率，改善劳动工作条件。

（6）抗折强度。矿棉装饰吸声板具有很高的抗折强度。

问33 矿棉装饰吸声板的有何优点及应用？

矿棉装饰吸声板不仅吸声性能极佳，而且具有优异的保温和装饰效果，同时还具有耐高温、难燃、无毒、无味、不霉、不蛀、不变形、吸水率低、质轻、美观大方、施工方便等诸多优点，是一种比较理想的室内防火装饰材料。因此，它广泛应用于建筑物的吊顶以及墙壁等内部装修，尤其适用于播音室、录音棚、影剧院、体育馆等各种场所，能够控制室内的混响时间，改善室内音质。另外，矿棉装饰吸声板还可用于宾馆、饭店、医院、餐厅、办公室、公共建筑走廊、商场、工厂车间以及其他各种民用建筑中用来降低室内噪声，调节室温，改善室内环境。

问34 什么是玻璃棉板？

玻璃棉板是以无机玻璃棉纤维为主要材料，并掺加适量的胶黏剂和附加剂后，经过成型烘干工艺而制成的一种具有一定刚度的新型轻质板状制品。它的优点是密度小、手感柔软、热导率小、绝热、吸声、隔震、防火性能好等。

建筑绝热用玻璃棉板按照包装方式不同，可分为压缩包装产品和非压缩包装产品两类。按外覆层可将其分为下列三类产品：无外覆层产品、具有反射面的外覆层产品（这种外覆层具有抗水蒸气渗透的性能，如铝箔及铝箔牛皮纸等）、具有非反射面的外覆层产品（这种外覆层分为两类：抗水蒸气渗透的外覆层，如PVC外覆材料；非抗水蒸气渗透的外覆层，如玻璃布、牛皮纸等）。

问35 玻璃棉板有何应用？

玻璃棉板在工业上主要作为空调管道、冷冻及冷藏仓库的保温和隔热材料；厂房、库房等建筑的保温、保冷、吸声材料以及机械设备的保温、吸声、抗震材料。在民用建筑中，玻璃棉板常作为围护结构的保温、隔热和吸声材料，尤其适用于降低大型录音棚、影剧院、歌厅等公共娱乐场所的噪声。

问 36　什么是玻璃棉装饰吸声板？

玻璃棉装饰吸声板是以玻璃棉纤维为主要材料，再加入适量的胶黏剂、防潮剂、防腐剂等其他成分，经过热压成型加工而成的一种玻璃棉制品。

问 37　玻璃棉装饰吸声板有何优点及应用？

玻璃棉装饰吸声板的突出优点是质轻，它是目前国内应用的最轻的一种吊顶板材。例如，密度为 $48kg/m^3$、规格为 $600mm \times 1200mm \times 20mm$ 的单块板材的质量只有 1kg。因而，它具有施工方便的特点，可以按照需要随时拆除或安装，在维修天花板后面的某些设施时非常便捷。

玻璃棉装饰吸声板的含水率不应超过 1%，质量吸湿率不应超过 5.0%。这就保证了板材在使用过程中不受环境湿度的影响，在应用中不会出现下陷和变形现象。有防水要求时，制品的憎水率应不低于 98%。

另外，玻璃棉装饰吸声板还具有良好的吸声效果。以玻璃棉为主要原料，表面贴附饰面材料的玻璃棉装饰吸声板是目前比较优良的装饰、吸声材料。它具有吸声降噪、消除回音的作用。与矿棉装饰吸声板相比，玻璃棉装饰吸声板的吸声效果更佳，通常吸声率在 0.7 左右。

玻璃棉装饰吸声板为防火板材，其燃烧性能应符合 GB 8624—2012《建筑材料及制品燃烧性能分级》中对 A 级不燃性材料的要求。同时，玻璃棉装饰吸声板还具有很好的隔热特性，无论是在高温还是低温环境中使用时，都能表现出优异的保温性能。

因为玻璃棉装饰吸声板的装修风格美观大方，所以广泛应用于宾馆大堂、影剧院、音乐厅、体育馆、大会堂、播音室、医院、商场、会议室、住宅等建筑的顶棚或墙面材料，能够起到保温、吸声和装饰的作用。

问38　玻璃棉装饰吸声板有何缺点？

玻璃棉装饰吸声板的周边部分无法开榫槽，因此不能做成暗龙骨吊顶，而只能做成明龙骨吊顶。而且因为玻璃棉装饰吸声板的质量轻，故不适用于空气流通量大的室内吊顶工程中。

问39　什么是硅酸钙板？

硅酸钙板属于一种平板状硅酸钙绝热制品。它是以无机矿物纤维或纤维素纤维等松散短纤维为增强材料，以硅质材料、钙质材料为主体胶结材料，经制浆、成型、在高温高压饱和蒸汽中加速固化反应，形成硅酸钙胶凝体而制成的板材。该板材中纤维分布均匀，排列有序，密实性良好。而且，它还具有较好的防火、隔热、防潮、不霉烂变质、防虫蛀、耐久性较好的特性。该板材的正表面较平整光洁，边缘整齐，没有裂纹、缺角等不足。可以在其表面任意涂刷各种涂料，也可以印制花纹，还可以粘贴各种墙布和壁纸。同时，它具有和木板一样的锯、刨、钉、钻等可加工性能，可以根据实际需要裁截成各种规格的尺寸。

问40　硅酸钙板有何应用？

硅酸钙板除了在建筑物中作为隔墙板和吊顶板的材料使用以外，在工业上还可应用于对表面温度不超过650℃的各类设备、管道及其附件进行隔热和防火保护。

在建筑结构保护上，它主要用于对各类钢结构构件进行防火保护。在实际工程使用中，应根据钢构件的种类、外形、安装部位以及防火要求的不同，科学、合理地设置安装结构。对于不同的钢构件，需要选用不同的构造结构和施工方法。必要时可以与喷涂钢结构防火涂料等其他防火保护方式联合使用，以保证为构件提供足够的防火保护。实践证明：即使是用同一种板材来保护相同的钢构件，因为设计结构的不同，也会得到不同的结果。合理的钢结构防火保护方式会明显提高钢构件的耐火性能。

一般用板材保护钢构件时的典型结构如图 2-6 所示。

（1）钢梁的保护结构。图 2-6 给出的是用硬硅钙板保护钢梁的结构示意。内衬 100mm（宽）×25mm（厚）的结合缝条，硬硅钙板借助自攻螺丝固定在结合缝条上。其中，硬硅钙板的厚度分别为15mm 和 20mm，所保护的钢梁耐火极限为 2.0h。

图 2-7～图 2-10 分别给出了对不同安装部位的钢梁的防火包覆方式。

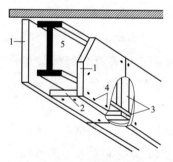

图 2-6 板材保护钢构件的典型结构

1—硬硅钙板，厚 15mm；2—硬硅钙板，厚 20mm；

3—结合缝条；4—自攻螺丝；5—钢梁

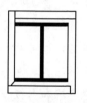

图 2-7 4 面包覆

图 2-8 3 面包覆

图 2-9 2 面包覆

（2）钢柱的保护结构。如图 2-11 所示是用硬硅钙板直接包覆钢柱的结构示意。板材利用自攻螺丝进行固定，板材厚度为 15mm 和 20mm。所保护的钢柱耐火极限为 2.0h。

图 2-10　1 面包覆

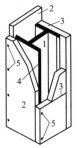

图 2-11　安装方法Ⅰ，直接
包覆钢柱（D＞12mm）

1—钢柱；2—硬硅钙板，15mm 厚；3—硬硅钙板，
20mm 厚；4—轻钢龙骨；5—自攻螺钉

如图 2-12 所示是将硬硅钙板包覆在轻钢龙骨上的结构示意。轻钢龙骨的规格为 40mm×20mm×0.6mm 或以上。板材利用自攻螺丝固定在轻钢龙骨上，板材厚度为 15mm 和 20mm。所保护的钢柱耐火极限为 2.0h。

图 2-13～图 2-15 分别给出了不同形状的钢柱的防火包覆方式。

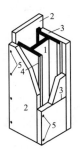

图 2-12　安装方法Ⅱ，包覆在轻钢龙骨上

1—钢柱；2—硬硅钙板，15mm 厚；3—硬硅钙板，
20mm 厚；4—轻钢龙骨；5—自攻螺钉

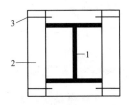

图 2-13　工字钢柱

1—钢柱；2—硬硅钙板，15mm 厚；
3—自攻螺钉

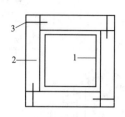

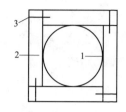

图 2-14　方柱

1—钢柱；2—硬硅钙板，15mm 厚；

3—自攻螺钉

图 2-15　圆柱

1—钢柱；2—硬硅钙板，15mm 厚；

3—自攻螺钉

构件的耐火性能与施工性能是评价其耐火保护结构设计是否先进、合理的主要考核指标。好的耐火保护结构应当具有施工方便、快捷、高效和耐火性能好等优点。在具体施工过程中，应按照现场的施工要求和实际工程条件来选择合适的施工方式。

问 41　什么是轻质硅酸钙板？

轻质硅酸钙板是以硅质材料（主要为石英砂，也可掺加少量的粉煤灰）、钙质材料（主要为石灰、消石灰、电石渣或硅酸盐水泥等）作为主要原材料，以纤维材料（主要为石棉、耐碱玻璃纤维、纤维素纤维、有机合成纤维或云母等）作为增强材料，以水玻璃、碳酸钠、氢氧化钠等碱性物质作为助剂，同时加入适量的轻骨料以降低板材的密度，在大量水存在的条件下，经搅拌、成型、蒸压养护工艺制成的一种轻质吸声材料。

问 42　轻质硅酸钙板的规格尺寸如何？

轻质硅酸钙板的规格尺寸如下：长度为 $400\sim600$mm，宽度为 $200\sim300$mm，厚度为 $40\sim90$mm。产品标记包括产品名称、商标、型号、规格、等级和执行标准号。

问 43　轻质硅酸钙板如何分类?

按照材料的最高使用温度,可将轻质硅酸钙板分为Ⅰ型(650℃)与Ⅱ型(1000℃)。按增强纤维的类型,可将其分为有石棉(Y)与无石棉(W)两种。按照产品密度,可将其分为270号、240号、220号、170号和140号。

问 44　轻质硅酸钙板有何优点及应用?

轻质硅酸钙板的特点为质轻、强度高、不怕火、不怕潮湿、不变形、声热性能优良,可用于礼堂、电影院、剧院、录像室、播音室、餐厅和会议室等公共建筑的室内吊顶及内墙装饰。其安装方法大致与装饰石膏板的安装方法相同。

问 45　什么是SC板?

SC板是一种主要应用于建筑室内装修的硅酸钙平板。它常作为建筑室内的吊顶和隔墙材料使用,或在船舶、车辆中当作隔板材料使用,还可以用作家具的表面材料。SC板与上述的轻质硅酸钙板相比,容重大,强度高,热导率大,因此一般情况下不做保温材料使用。

问 46　SC板的类型有哪些?

SC板一般分为3级。A级容重为900~1200kg/m^3,抗弯强度超过10MPa,热导率低于0.32W/(m·K);B级容重为750~900kg/m^3,抗弯强度超过8MPa,热导率低于0.28W/(m·K);C级容重为500~750kg/m^3,抗弯强度超过5MPa,热导率低于0.21W/(m·K)。其防火性能良好。

SC板的尺寸规格为:(900、1800、2400、2700、3000)mm×900mm,450mm×450mm,600mm×500mm,800mm×800mm

等；厚度为 4～20mm。

除上述几类比较成熟的硅酸钙板产品之外，近年来市场上还销售一种硅酸钙复合墙板。它是用薄型纤维增强硅酸钙板作为面板，中间用泡沫聚苯乙烯轻混凝土或泡沫膨胀珍珠岩轻混凝土等轻质芯材填充，以成组立模法一次复合成型的轻质复合板材。它具有良好的保温绝热效果，作为一种新型的墙体材料逐渐得到使用。

问 47 什么是膨胀珍珠岩板？

膨胀珍珠岩板属于一种板状的膨胀珍珠岩绝热制品。它是以膨胀珍珠岩为主要原材料，掺加不同种类的胶黏剂后，经搅拌、成型、干燥、焙烧或养护工艺制成的一种不燃性板材，可长期在900℃的工作条件下应用。

问 48 膨胀珍珠岩板如何分类？

膨胀珍珠岩板根据所采用的胶黏剂种类的不同可分为水泥膨胀珍珠岩板、水玻璃膨胀珍珠岩板和磷酸盐膨胀珍珠岩板等几类。根据产品的密度分为 200 号、250 号、350 号三种，密度越小热导率越低。如果在产品中添加憎水剂，即可降低制品表面的亲水性能而制得憎水型的膨胀珍珠岩制品。因此，还可根据制品有无憎水性而将其分为普通型和憎水型（用 Z 表示）两类。膨胀珍珠岩板根据质量分为优等品（用 A 表示）和合格品（用 B 表示）两类。其热导率一般为 0.060～0.087W/(m·K)，抗压强度为 0.3～0.5MPa，燃烧性能等级为 A 级。

对于掺有可燃性材料的产品，而且用户有不燃性要求时，其燃烧性能级别应达到 GB 8624—2012《建筑材料及制品燃烧性能分级》中规定的 A 级（不燃性材料）。

问 49 膨胀珍珠岩板有何优点及应用？

因为膨胀珍珠岩板具有密度小、热导率低、承压能力较强、施工便捷、经济耐用等诸多优点，广泛应用于热力管道、供热设备以及其他的工业管道设备和工业建筑上的保温绝热材料，在工业和民用建筑中还作为围护结构的保温、隔热和吸声材料使用。因其热稳定性高、绝热效果好，还常作为钢构件的防火包覆材料应用。

问 50 什么是膨胀珍珠岩装饰吸声板？如何分类？

膨胀珍珠岩装饰吸声板是以膨胀珍珠岩为主要原料，再配合适量的胶黏剂、填充剂、阻燃剂和增强材料，通过搅拌、成型、干燥、焙烧或养护等工艺处理而制成的一种多孔性吸声材料。根据所用的胶黏剂类型进行划分，有水玻璃膨胀珍珠岩吸声板、水泥膨胀珍珠岩吸声板、聚合物膨胀珍珠岩吸声板等几类。根据板材的表面结构形式进行划分，可分为不穿孔、半穿孔、穿孔、凹凸以及复合吸声板等几类。

问 51 膨胀珍珠岩装饰吸声板有何优点及应用？

膨胀珍珠岩装饰吸声板具有质量轻、装饰效果好、防火、防潮、不发霉、防蛀、耐酸、耐腐蚀、吸声、保温、隔热、施工装配化、可锯割加工等诸多优点，特别是具有优良的防火性能、吸声性能和装饰效果。

膨胀珍珠岩装饰吸声板广泛应用于影剧院、礼堂、播音室、录像室、餐厅、会议室等公共建筑的音质处理以及工厂、车间的噪声控制，同时也可作为民用公共建筑的顶棚、室内墙面的装修。其密度一般为 $250\sim350kg/m^3$，热导率为 $0.058\sim0.08W/(m\cdot K)$。在工程实际应用中，可按照普通天花板及装饰吸声板的施工方法进行安装。

问 52 什么是装饰石膏板？

装饰石膏板是以建筑石膏为主要原材料，并附加少量的增强纤维、胶黏剂、改性剂等辅助材料，与水混合搅拌后形成均匀的料浆，通过浇注成型及干燥工艺制成一种不带护面纸的装修用板材。

问 53 **装饰石膏板有何优点及应用？**

装饰石膏板的特点是轻质、强度高、防潮、不变形、防火、隔热、可自动微调室内湿度等；并且施工便捷（多采用将其四边搭装于 T 形金属龙骨两翼上的安装方式来进行施工，经常组装成明龙骨吊顶）；而且其可加工性能好，能够进行锯、钉、刨、钻加工，可以进行黏结。

因为装饰石膏板美观大方，色调舒适，还具有较好的吸声性能和装饰效果，所以它广泛应用于各类建筑的室内装修工程中。而且它的种类很多，有平板、花纹浮雕板、穿孔及半穿孔吸声板等各类产品可供用户选择。

装饰石膏板被大量应用于各种工业和民用建筑中。例如，它可以作为办公楼、工矿车间、剧院、礼堂、宾馆、饭店、商店、车站以及普通住宅等建筑物内的室内吊顶材料和墙体装饰材料使用。

问 54 **装饰石膏板的规格和性能如何？**

（1）规格。装饰石膏板主要包括以下两种规格：500mm×500mm×9mm 和 600mm×600mm×11mm。其他规格的板材，由供需双方商定。

（2）性能。装饰石膏板按其防潮性能的不同可以分为两种：普通装饰石膏板和防潮装饰石膏板。其品种及代号参见表2-7。

表 2-7　　　　　　　　装饰石膏板的品种及代号

分类	普通装饰石膏板			防潮装饰石膏板		
	平板	孔板	浮雕板	平板	孔板	浮雕板
代号	P	K	D	EP	FK	D

1）单位面积质量。装饰石膏板的单位面积质量需符合表2-8中的规定。

表2-8　　　　　　装饰石膏板的单位面积质量　　　　（kg/m²）

板材代号	厚度（mm）	平均值	最大值
P、K、FP、FK	9	10.0	11.0
	11	12.0	13.0
D、DF	9	13.0	14.0

2）含水率。装饰石膏板的含水率需符合表2-9中规定的技术指标。

表2-9　　　　　装饰石膏板含水率的技术指标　　　　（％）

项目	平均值	最大值
含水率	2.5	3.0

3）吸水率、受潮挠度。装饰石膏板的吸水率和受潮挠度需符合表2-10中规定的技术指标。

表2-10　　　装饰石膏板的吸水率和受潮挠度技术指标

项目	平均值	最大值
吸水率（％）	8.0	9.0
受潮挠度（mm）	10	12

4）强度。装饰石膏板的断裂荷载需符合表2-11中规定的技术指标。

表2-11　　　　装饰石膏板断裂荷载的技术指标　　　　（N）

板材代号	平均值	最小值
P、K、FP、FK	147	132
D、DF	167	150

5）燃烧性能。装饰石膏板属于不燃性材料。

问 55 **嵌装式装饰石膏板的结构、特性及生产工艺如何？**

嵌装式装饰石膏板的结构如图 2-16 所示。

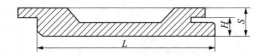

图 2-16　嵌装式装饰石膏板的结构

S—边厚；H—铺设高度；L—板材边长

嵌装式装饰石膏板与装饰石膏板一样，都具有密度适中的特点，而且还具有一定的强度和良好的防火性能、隔声性能（当嵌装式装饰石膏板的背面复合有耐火、吸声材料时），并且它还具有施工安装简便、快速的特点。因为其制作工艺为采用浇注法成型，所以能制成具有浮雕图案的并且风格独特的板材。除此以外，嵌装式装饰石膏板最大的特点是板材背面四边被加厚，并带有嵌装企口，所以可以采用嵌装的形式来进行吊顶的施工，施工完毕后的吊顶表面既没有龙骨显露（称为暗龙骨吊顶），也没有紧固螺钉帽显露（采用嵌装方式施工时，板材不用任何紧固件固定），吊顶显得美观、典雅、大方。

嵌装式装饰石膏板的板面存在一定数量的穿孔，并且还经常在板材背面复合吸声材料而使其具有优良的吸声性能。

问 56 **嵌装式装饰石膏板的规格与性能如何？**

（1）规格。嵌装式装饰石膏板的规格有两种：600mm×600mm，边厚超过 28mm；500mm×500mm，边厚超过 25mm。

（2）含水率。嵌装式装饰石膏板的含水率需符合表 2-12 中规定的技术指标。

（3）强度。嵌装式装饰石膏板的断裂荷载需符合表 2-13 中规定的技术指标。

表 2-12　　　　嵌装式装饰石膏板的含水率技术指标　　　　（%）

技术指标	平均值	最大值
含水率	3.0	4.0

表 2-13　　　　嵌装式装饰石膏板断裂荷载的技术指标　　　　（N）

技术指标	平均值	最大值
断裂荷载	157	127

（4）吸声性能。嵌装式装饰石膏板的吸声性能要求为：在 125Hz、250Hz、500Hz、1000Hz、2000Hz 和 4000Hz 这 6 个频率下经混响室法所测得的平均吸声系数 α_s 不小于 0.03。

每种嵌装式装饰石膏板产品必须附有选用不同构造形式安装的吸声频谱曲线，而且穿孔率、孔洞形式和吸声材料种类由生产厂家决定。

（5）燃烧性能。嵌装式装饰石膏板为不燃性材料。

问 57　吸声用穿孔装饰石膏板的规格与性能如何？

吸声用穿孔装饰石膏板的特性和嵌装式装饰石膏板大致相同（除了安装特性之外），而其安装特性则基本和装饰石膏板相同。

（1）规格。

1）边长规格：500mm×500mm 和 600mm×600mm。

2）厚度规格：9mm 和 12mm。

孔径、孔距与穿孔率规格见表 2-14。

表 2-14   孔径、孔距与穿孔率

孔径 (mm)	孔距 (mm)	穿孔率（%）	
		孔眼正方形排列	孔眼三角形排列
φ6	18	8.7	10.1
	22	5.8	6.7
	24	4.9	5.7
φ8	22	10.4	12.0
	24	8.7	10.1
φ10	24	13.6	15.7

（2）性能。

1）含水率。吸声用穿孔石膏板的含水率需符合表 2-15 中规定的技术指标。

表 2-15   吸声用穿孔石膏板含水率的技术指标   （%）

技术指标	平均值	最大值
含水率	2.5	3.0

2）强度。吸声用穿孔石膏板的断裂荷载需符合表 2-16 中规定的技术指标。

表 2-16   吸声用穿孔石膏板断裂荷载的技术指标   （N）

孔径 (mm)	孔距 (mm)	板材厚度 (mm)	平均值	最小值
φ6	18、22、24	9	130	117
		12	150	135
φ8	22、24	9	90	81
		12	100	90
φ10	24	9	80	72
		12	90	81

3）燃烧性能。以装饰石膏板作为基础板材生产的吸声用穿孔石膏板属于不燃性材料。

问 58 | 什么是不燃埃特墙板和不燃埃特平板，有何应用？

不燃埃特墙板和不燃埃特平板有何应用？

不燃埃特墙板和不燃埃特平板是一种不燃的纤维水泥板材。板材主要以石棉纤维、少量的其他无机纤维，标号不低于425号的水泥和膨胀珍珠岩等为原料，经抄坯、加压成型、蒸汽养护而成。

不燃埃特墙板和不燃埃特平板具有强度高、耐腐蚀、防水防潮、可任意切割加工、安装施工方便和不燃等特点，可用于工业与民用建筑的内墙板、外墙板、吊顶板、风道板等，也可用于干燥室、空调、冷却设备的围蔽。埃特墙板可简单地固定到砖墙上，做成更平滑的墙体表面，也可单独用作隔墙。埃特平板用于装饰天花板和墙板时，可在平板上刷以涂料或粘贴墙纸、金属纸、瓷片等，以达到更佳的装饰效果。

问 59 | 什么是纸面石膏板？

纸面石膏板是以建筑石膏为主要原料，掺入适量添加剂和纤维做板芯，并与特定的护面板纸加工制成建筑板材。

问 60 | 纸面石膏板有何特点及应用？

纸面石膏板质量轻，强度高，易于加工装修，具有耐火、隔热和抗潮等特点，常用于装修室内非承重墙体和吊顶。在厨房、厕所以及空气相对湿度经常大于70%的潮湿环境中使用时，应采取相应的防潮措施。

问 61 | 纸面石膏板如何分类？

纸面石膏板按耐火特性可分为普通纸面石膏板和耐火纸面石膏板两种。耐火纸面石膏板在高温明火下焚烧时，具有保持不断裂的性能，这种遇火稳定性是区别普通纸面石膏板与耐火纸面石膏板的重要技术指标。

问 62　纸面石膏板的尺寸规格如何？

板材的尺寸规格：长度有 1800mm、2100mm、2400mm、2700mm、3000mm、3300mm、3600mm；宽度有 900mm、1200mm；厚度有 9.5mm、12mm、15mm、18mm、21mm、25mm。楔形边深度 0.6～2.5mm，楔形边宽度 40～80mm。产品标记由产品名称、棱边形状代号、宽度、厚度及标准号组成。如棱边为 45°倒角形，宽度为 1200mm，厚度为 18mm 的耐火纸面石膏板，其标记为：耐火纸面石膏板 HD1200×18 GB 11979。

问 63　纸面石膏板的性能如何？

石膏板本身是不燃材料，但制成纸面石膏板之后，按我国现行建筑材料防火检测方法检测，不能列入 A 级材料。但如果认定其只能作为 B_1 级材料，则有些不尽合理，况且目前还没有更好的材料可替代它。考虑到纸面石膏板用量极大这一客观实际，以及 GB 50016—2014《建筑设计防火规范》中，已认定贴在钢龙骨上的纸面石膏板为不燃材料这一事实，特规定纸面石膏板安装在钢龙骨上，可将其作为 A 级材料使用。

纸面石膏板板材的主要技术性能见表 2-17。

表 2-17　　纸面石膏板板材的主要技术性能

名称		普通纸面石膏板				耐火纸面石膏板					
厚度（mm）		9	12	15	18	9	12	15	18	21	25
单位面积质量不大于（kg/m²）	平均	9.5	12.5	15.5	18.5	8.0～10.0	10.0～13.0	13.0～16.0	15.0～19.0	17.0～22.0	20.0～26.0
	最大	10.5	13.5	16.5	19.5						

续表

名称		普通纸面石膏板				耐火纸面石膏板					
含水率不大于（%）	平均	3.0									
	最大	3.5									
纵向断裂荷载不小于（N）	平均	353	490	537	784	360	500	650	800	950	1100
	最小	318	441	573	706	320	450	590	730	860	1000

问64 什么是难燃刨花板？

难燃刨花板是具有一定防火性能的木质人造板材，是以木质刨花或木质纤维（如木片、木屑等）为原料，掺加胶黏剂、阻燃剂、防腐剂和防水剂等组料经压制而成的。

问65 难燃刨花板有何特点及应用？

难燃刨花板由于阻燃剂的阻燃作用，使其燃烧性能级别可提高到 B_1 级，属于难燃性的建筑材料，这是区别于普通刨花板的重要性能指标。此种板材除可供家具制造外，广泛用于建筑物的隔墙、墙裙和吊顶等作装修用。

问66 难燃刨花板如何分类？

难燃刨花板根据制造方法不同可分为平压刨花板和挤压刨花板，砂光或刨光刨花板，饰面刨花板和单板贴面刨花板。根据形状不同可分为平面刨花板和模压刨花板。由于配方工艺诸多方面的差别，板材的具体名称不尽相同，如防火刨花板、阻燃模压木质复合板等。

问67 难燃刨花板的尺寸规格如何？

板材的尺寸规格：长度有 915mm、1200mm、1525mm、

1830mm、2000mm、2135mm、2440mm；宽度有 915mm、1000mm、1220mm；厚度有 6mm、8mm、10mm、13mm、16mm、19mm、22mm、25mm、30mm。

问 68　难燃刨花板的性能如何？

刨花板密度为 $0.5\sim0.85\text{g/cm}^3$，含水率为 $5.0\%\sim11.0\%$，游离甲醛释放量每 100g 刨花板不超过 50mg。平压刨花板的静曲强度不小于 15.0N/mm^2，平面抗拉强度不小于 0.3N/mm^2，吸水厚度膨胀率不大于 10.0%，垂直板面握螺钉力不小于 1100N，平行板面握螺钉力不小于 700N，弹性模量 $2.0\times10^3\text{N/mm}^2$。挤压刨花板的静曲强度不小于 1.0N/mm^2。

第三节　单层、多层民用建筑内部装修防火要求

问 69　单层、多层民用建筑内部各部位装修材料的燃烧性能等级有哪些规定？

单层、多层民用建筑内部各部位装修材料的燃烧性能等级应符合表 2-18 中所列的规定。这是允许使用材料的基准等级。

表 2-18　　单层、多层民用建筑内部各部位装修材料的燃烧性能等级

建筑物及场所	建筑规模、性质	装修材料燃烧性能等级							
		顶棚	墙面	地面	隔断	固定家具	装饰织物窗帘	帷幕	其他装饰材料
候机楼的候机大厅、商店、餐厅、贵宾候机室、售票厅等	建筑面积＞10 000m² 的候机楼	A	A	B₁	B₁	B₁	B₁		B₁
	建筑面积≤10 000m² 的候机楼	A	B₁	B₁	B₁	B₂	B₂		B₂

续表

建筑物及场所	建筑规模、性质	顶棚	墙面	地面	隔断	固定家具	装饰织物		其他装饰材料
							窗帘	帷幕	
汽车站、火车站、轮船客运站的候车（船）室、餐厅、商场等	建筑面积>10 000m² 的车站、码头	A	A	B₁	B₁	B₂	B₂		B₂
	建筑面积≤10 000m² 的车站、码头	B₁	B₁	B₁	B₂	B₂	B₂		B₂
影院、会堂、礼堂、剧院、音乐厅	>800 座位	A	A	B₁	B₁	B₁	B₁	B₁	B₁
	≤800 座位	A	B₁	B₁	B₁	B₂	B₁	B₁	B₂
体育馆	>3000 座位	A	A	B₁	B₁	B₂	B₂	B₁	B₂
	≤3000 座位	A	B₁	B₁	B₁	B₂	B₂	B₁	B₂
商场营业厅	每层建筑面积>3000m²或总建筑面积>9000m²的营业厅	A	B₁	A	A	B₁	B₁		B₂
	每层建筑面积1000~3000m²或总建筑面积为3000～9000m²的营业厅	A	B₁	B₁	B₁	B₂	B₁		
	每层建筑面积<1000m²或总建筑面积<3000m²的营业厅	B₁	B₁	B₁	B₂	B₂	B₂		
饭店、旅馆的客房及公共活动用房等	设有中央空调系统的饭店、旅馆	A	B₁	B₁	B₁	B₂	B₂		B₂
	其他饭店、旅馆	B₁	B₁	B₂	B₂	B₂	B₂		B₂
歌舞厅、餐馆等娱乐餐饮建筑	营业面积>100m²	A	B₁	B₁	B₁	B₂	B₁		B₂
	营业面积≤100m²	B₁	B₁	B₁	B₂	B₂	B₁		B₂
幼儿园、托儿所、医院病房楼、疗养院、养老院		A	B₁	B₁	B₁	B₂	B₁		B₂
纪念馆、展览馆、博物馆、图书馆、档案馆、资料馆	国家级、省级	A	B₁	B₁	B₁	B₂	B₁		B₂
	省级以下	B₁	B₁	B₂	B₂	B₂	B₂		B₂

续表

建筑物及场所	建筑规模、性质	装修材料燃烧性能等级							
		顶棚	墙面	地面	隔断	固定家具	装饰织物窗帘	帷幕	其他装饰材料
办公楼、综合楼	设有中央空调系统的饭店、旅馆	A	B_1	B_1	B_1	B_2	B_2		B_2
	其他办公楼、综合楼	B_1	B_1	B_2	B_2	B_2			
住宅	高级住宅	B_1	B_1	B_1	B_1	B_2	B_2		B_2
	普通住宅	B_1	B_2	B_2	B_2	B_2			

问 70 装饰材料的燃烧性能等级要求适当放宽的情况是什么？

根据表 2-18 中所列的要求是对单层和多层民用建筑内部各部装修材料的燃烧性能等级。考虑到一些建筑物大部分装修材料为不燃性和难燃性，而在某一局部或某一房间有些特殊要求需采用一些可燃装修材料，并且该部位又无法设立自动报警和自动灭火系统，故装修材料的燃烧性能等级可适当放宽。为此，对单层、多层民用建筑内面积小于 100m² 的房间，当采用防火墙和耐火极限不低于 1.2h 的防火门窗与其他部位分隔时，其装修材料的燃烧性能等级可在表 2-18 的基础上降低一级。

问 71 单层、多层民用建筑安装消防设施有哪些放宽条件？

当单层、多层民用建筑内装有自动灭火系统时，除顶棚外，其内部装修材料的燃烧性能等级可在表 2-18 规定的基础上降低一级；当同时装有火灾自动报警装置和自动灭火系统时，其顶棚装修材料的燃烧性能等级可在表 2-18 规定的基础上降低一级，其他装修材料的燃烧性能等级可不限制。而对水平、垂直安全疏散通道、地下建筑、工业建筑不存在有条件地放宽要求的问题。

第四节　高层民用建筑内部装修防火要求

问72 高层民用建筑内部各部位装修材料的燃烧性能等级有哪些规定?

高层民用建筑内部各部位装修材料的燃烧性能等级应符合表2-19所列的规定。

表 2-19　高层民用建筑内部各部位装修材料的燃烧性能等级

序号	建筑物及场所	建筑规模、性质	装修材料燃烧性能等级									
			顶棚	墙面	地面	隔断	固定家具	装饰织物				其他装修装饰材料
								窗帘	帷幕	床罩	家具包布	
1	候机楼的候机大厅、贵宾候机室、售票厅、商店、餐饮场所等	—	A	A	B_1	B_1	B_1	B_1	—	—	—	B_1
2	汽车站、火车站、轮船客运站的候车(船)室、商店、餐饮场所等	建筑面积 >10000m²	A	A	B_1	B_1	B_1	B_1	—	—	—	B_2
		建筑面积 ≤10000m²	A	B_1	B_1	B_1	B_1	B_1	—	—	—	B_2
3	观众厅、会议厅、多功能厅、等候厅等	每个厅建筑面积 >400m²	A	A	B_1	B_1	B_1	B_1	B_1	—	B_1	B_1
		每个厅建筑面积 ≤400m²	A	B_1	B_1	B_1	B_1	B_1	B_1	—	B_1	B_1
4	商店的营业厅	每层建筑面积 >1500m² 或总建筑面积 >3000m²	A	B_1	B_1	B_1	B_1	B_1	B_1	—	B_2	B_1
		每层建筑面积 ≤1500m² 或总建筑面积 ≤3000m²	A	B_1	B_1	B_1	B_1	B_1	B_2	—	B_2	B_2

续表

序号	建筑物及场所	建筑规模、性质	装修材料燃烧性能等级									
			顶棚	墙面	地面	隔断	固定家具	窗帘	帷幕	床罩	家具包布	其他装修装饰材料
5	宾馆、饭店的客房及公共活动用房等	一类建筑	A	B₁	B₁	B₁	B₂	B₁	—	B₁	B₂	B₁
		二类建筑	A	B₁	B₁	B₁	B₂	B₂	—	B₂	B₂	B₂
6	养老院、托儿所、幼儿园的居住及活动场所	—	A	A	B₁	B₁	B₂	B₁	—	B₂	B₂	B₁
7	医院的病房区、诊疗区、手术区	—	A	A	B₁	B₁	B₂	B₁	B₁	—	B₂	B₁
8	教学场所、教学实验场所	—	A	B₁	B₂	B₂	B₂	B₁	B₁	—	B₁	B₂
9	纪念馆、展览馆、博物馆、图书馆、档案馆、资料馆等的公众活动场所	一类建筑	A	B₁	B₁	B₁	B₂	B₁	B₁	—	B₁	B₁
		二类建筑	A	B₁	B₁	B₁	B₂	B₁	B₁	—	B₁	B₂
10	存放文物、纪念展览物品、重要图书、档案、资料的场所	—	A	A	B₁	B₁	B₂	B₁	—	—	B₁	B₂
11	歌舞娱乐游艺场所	—	A	B₁	B₁	B₁	B₁	B₁	B₁	B₁	B₁	B₁
12	A、B 级电子信息系统机房及装有重要机器、仪器的房间	—	A	A	B₁	B₁	B₁	B₁	B₁	—	B₁	B₁
13	餐饮场所	—	A	B₁	B₁	B₁	B₁	B₁	—	—	B₁	B₂
14	办公场所	一类建筑	A	B₁	B₁	B₁	B₁	B₁	—	—	B₁	B₁
		二类建筑	A	B₁	B₁	B₁	B₁	B₁	—	—	B₂	B₂

续表

序号	建筑物及场所	建筑规模、性质	装修材料燃烧性能等级									
			顶棚	墙面	地面	隔断	固定家具	装饰织物				其他装修装饰材料
								窗帘	帷幕	床罩	家具包布	
15	电信楼、财贸金融楼、邮政楼、广播电视楼、电力调度楼、防灾指挥调度楼	一类建筑	A	A	B₁	B₁	B₁	B₁	B₁	—	B₂	B₁
		二类建筑	A	B₁	B₂	B₁	B₂	B₂	B₂	B₂	B₂	B₂
16	其他公共场所	—	A	B₁	B₁	B₁	B₂	B₂	B₂	B₂	B₂	B₂
17	住宅	—	A	B₁	B₁	B₁	B₂	B₁	B₂	—	B₁	B₂

问73　高层民用建筑物局部有哪些放宽条件？

（1）高层民用建筑的火灾危险性较之单层、多层建筑而言要高一些，因此防范措施也更加全面和严格。在设置了自动消防系统的条件下，可以根据它们的燃烧性能等级适当降低。

（2）100m以上的高层民用建筑与建筑内多于800个座位的观众厅、会议厅、顶层餐厅均属特殊要求范围。如在观众厅等人员密集，采光条件也较差的情况下发生火灾，人员伤亡会比较严重，对人的心理影响也要超过物质因素，所以在任何条件下都不应降低内部装修材料的燃烧性能等级。除了歌舞厅、卡拉OK厅（含具有卡拉OK功能的餐厅）、夜总会、录像厅、放映厅、桑拿浴室（除洗浴部分外）、游戏厅（含电子游戏厅）、网吧等歌舞娱乐放映游艺场所和100m以上的高层民用建筑及多于800个座位的观众厅、会议厅、顶层餐厅外，当设有火灾自动报警装置和自动灭火系统时，除了顶棚，其内部装修材料的燃烧性能等级可在表2-19要求的基础上降低一级使用。

（3）由于高层民用建筑的裙房使用功能比较复杂，其内部装修与整栋高层民用建筑取同一个水平，在实际操作中有一定的困难。考虑到裙房与主体高层之间有防火分隔，且裙房的层数也有限。所以，对高层民用建筑的裙房内面积小于 $500m^2$ 的房间，当设有自动灭火系统，并且采用耐火等级不低于 2h 的隔墙、甲级防火门窗与其他部位分隔时，其顶棚、墙面、地面装修材料的燃烧性能等级可在表 2-19 的基础上降低一级使用。

问 74 高层民用建筑特殊建筑物内部装修材料燃烧性能等级有哪些规定？

电视塔等特殊高层建筑物，其建筑高度越来越高，且允许公众在高空中观赏和进餐。由于建筑形式所限，人员在危险情况下的疏散十分困难，所以电视塔等特殊高层建筑的内部装修，应采用 A 级装修材料。我国已有近 10 个城市建成或正在建设几百米高的电视塔。这些塔除了首先用于电视转播之外，均同时具有旅游观光的功能。

从建筑防火的角度看，电视塔具有火势蔓延快，扑救困难，疏散不利等特点。因此对这类特殊的高层建筑应尽可能地降低火灾发生的可能性，而最可靠的途径之一就是减少可燃材料的存在。

第五节 地下民用建筑内部装修防火要求

问 75 地下民用建筑装修防火有什么要求？

地下民用建筑是指单层、多层民用建筑的地下部分，单独建造在地下的民用建筑以及平战结合的地下人防工程。

（1）对于人员密集的商场营业厅、电影院观众厅等在选用装修材料时，防火标准要高。

（2）对旅馆客房、休息室和办公室，以及各类建筑的办公活动用房，因其容纳人员较少且经常有专人管理，所以选用装修材料燃烧性能等级可适当放宽。

（3）对于图书、档案等资料类库房，因可燃物数量大，所以要求全部采用不燃材料装修。

问 76　地下民用建筑各部位装修材料的燃烧性能等级有哪些要求？

根据地下民用建筑的特点，按建筑类别、场所和装修部位的不同，装修材料的燃烧性能等级应符合表 2-20 所列的要求。

表 2-20　　地下民用建筑各部位装修材料的燃烧性能等级

序号	建筑物及场所	装修材料燃烧性能等级						
		顶棚	墙面	地面	隔断	固定家具	装饰织物	其他装修装饰材料
1	观众厅、会议厅、多功能厅、等候厅等，商店的营业厅	A	A	A	B₁	B₁	B₁	B₂
2	宾馆、饭店的客房及公共活动用房等	A	B₁	B₁	B₁	B₁	B₁	B₂
3	医院的诊疗区、手术区	A	A	B₁	B₁	B₁	B₁	B₂
4	教学场所、教学实验场所	A	A	B₁	B₂	B₂	B₁	B₂
5	纪念馆、展览馆、博物馆、图书馆、档案馆、资料馆等的公众活动场所	A	A	B₁	B₁	B₁	B₁	B₁
6	存放文物、纪念展览物品、重要图书、档案、资料的场所	A	A	A	A	A	B₁	B₁
7	歌舞娱乐游艺场所	A	B₁	B₁	B₁	B₁	B₁	B₁
8	A、B级电子信息系统机房及装有重要机器、仪器的房间	A	A	B₁	B₁	B₁	B₁	B₁
9	餐饮场所	A	A	A	B₁	B₁	B₁	B₂
10	办公场所	A	B₁	B₁	B₁	B₁	B₂	B₂
11	其他公共场所	A	B₁	B₁	B₂	B₂	B₂	B₂
12	汽车库、修车库	A	A	B₁	A	A	—	—

注　地下民用建筑系指单层、多层、高层民用建筑的地下部分，单独建造在地下的民用建筑以及平战结合的地下人防工程。

问 77 安全通道装修材料的燃烧性能等级有哪些要求？

地下民用建筑的疏散走道和安全出口的门厅，其顶棚、墙面和地面的装修材料应采用 A 级装修材料。

由于地下建筑结构特点，人员只能通过安全通道和出口撤向地面。地下建筑被完全封闭在地下，在火灾中，人流疏散的方向与烟火蔓延的方向是一致的。从这个意义上讲，人员安全疏散的可能性要比地面建筑小得多。为了保证人员最大的安全度，确保各条安全通道和出口自身的安全与畅通是必要的。因此，对装修材料燃烧性能等级要求较高。

问 78 地下建筑的地上部分内部装修材料的燃烧性能等级有哪些要求？

单独建造的地下民用建筑的地上部分相对的使用面积小，且建在地面上，火灾危险性小，疏散扑救均比地下建筑部分要容易。为此，规定单独建造的地下民用建筑的地上部分，其门厅、休息室、办公室等内部装修材料的燃烧性能等级可在表 2-20 规定的基础上降低一级要求。

问 79 地下商场固定货架等装修材料的燃烧性能等级有哪些要求？

地下空间的利用促进了地下大型商场的兴建。地下商场内部结构各异，有一定量的可燃装修，外加所堆积的商品绝大部分是可燃的，因此加大了火灾危险性。因目前无法限制地下商场销售可燃性商品，同时为了减少地下空间的火灾荷载，特别规定地下商场、地下展览厅的售货柜台、固定货架、展览台等，应采用 A 级建筑装修材料。

第六节　工业厂房内部装修防火要求

问 80 厂房内部各部位装修材料的燃烧性能等级有哪些要求?

根据生产的火灾危险性特征,工业厂房内部各部位装修材料的燃烧性能等级应符合表 2-21 所列的规定。

表 2-21　厂房内部各部位装修材料的燃烧性能等级

序号	厂房及车间的火灾危险性的性质	建筑规模	装修材料燃烧性能等级						
			顶棚	墙面	地面	隔断	固定家具	装饰织物	其他装修装饰材料
1	甲、乙类厂房 丙类厂房中的甲、乙类生产车间 有明火的丁类厂房、高温车间	—	A	A	A	A	A	B_1	B_1
2	劳动密集型丙类生产车间或厂房 火灾荷载较高的丙类生产车间或厂房 洁净车间	单/多层	A	A	B_1	B_1	B_1	B_2	B_2
		高层	A	A	A	B_1	B_1	B_1	B_1
3	其他丙类生产车间或厂房	单/多层	A	B_1	B_2	B_2	B_2	B_2	B_2
		高层	A	B_1	B_2	B_2	B_2	B_2	B_2
4	丙类厂房	地下	A	A	A	B_1	B_1	B_1	B_1
5	无明火的丁类厂房 戊类厂房	单/多层	B_1	B_2	B_2	B_2	B_2	B_2	B_2
		高层	B_1	B_1	B_2	B_2	B_2	B_2	B_2
		地下	A	A	B_1	B_1	B_1	B_1	B_1

问 81　架空地板的装修材料的燃烧性能等级有哪些要求？

从火灾的发展过程考虑，一般来说，顶棚的防火性能要求最高，其次是墙面，地面要求最低。但如果地面为架空地板时，情况就有所不同了。一是架空后的地板既有可能被室内的火点燃，又有可能被来自地板下的火点燃；二是架空后的地板，火势蔓延的速度较快。所以对这种结构的地板提出了较高一些的要求，当厂房的地面为架空地板时，其地面装修材料的燃烧性能等级，应在表 2-21 规定的基础上提高一级。

问 82　贵重设备房间的装修材料的燃烧性能等级有哪些要求？

计算机房、中央控制室等装有贵重机器、仪表、仪器的厂房，其顶棚和墙面应采用 A 级装修材料；地面和其他部位应采用不低于 B_1 级的装修材料。

计算机房、中央控制室等装有贵重机器、仪表、仪器的厂房，不但设备本身的价格昂贵，一旦失火损失很大。而且这些设备属于影响工厂或地区生产全局的关键设备，如发电厂、化工厂的中心控制设备等。这些车间一旦受到损失，除自身价值丧失之外，还会导致大规模的连带损失。故对装修材料的燃烧性能等级要求较高。

问 83　厂房附属办公用房的装修材料的燃烧性能等级有哪些要求？

厂房本身所附设的办公室、休息室等内部空间的装修材料的燃烧性能等级，与厂房的要求相同。主要考虑到不得因办公室、休息室的装修失火而波及整个厂房，还要确保办公室、休息室内人员的生命安全。所以，厂房附属的办公室、休息室等的内部装修材料的燃烧性能等级，应与表 2-21 中所列的厂房的相应要求相同。

第七节 建筑内部装修防火施工

问 84 建筑内部装修防火有哪些施工要求？

建筑内部装修防火有以下几点要求：

（1）建筑内部装修防火施工，不应改变防火装修材料以及装修所涉及的其他内部设施的装饰性、保温性、隔声性、防水性和空调管道材料的保温性能等使用功能。

（2）完整的防火施工方案和健全的质量保证体系是保证施工质量符合设计要求的前提。所以，装修施工应按设计要求编写施工方案。施工现场管理应具备相应的施工技术标准、健全的施工质量管理体系和工程质量检验制度。

（3）为确保装修材料的采购、进场、施工等环节符合施工图设计文件的要求，装修施工前应对各部位装修材料的燃烧性能进行技术交底。

（4）由于木龙骨架等隐蔽工程材料装修施工完毕无法检验。所以，在装修施工过程中，应分阶段对所选用的防火装修材料按规范的规定进行抽样检验；对隐蔽工程的施工，应在施工过程中及完工后进行隐蔽工程验收；对现场进行阻燃处理、喷涂、安装作业的施工，应在相应的施工作业完成后进行抽样检验。这是保证防火工程施工质量的必要手段，不可忽略。

问 85 纺织织物子分部装修工程中纺织织物如何分类？

随着社会的进步，纺织织物在民用、工业上的消费量迅速增加，在建筑内部装修中广泛使用的纺织织物，主要有窗帘、帷幕、墙布、地毯或其他室内纺织产品。用于建筑内部装修的纺织织物可分为天然纤维织物和合成纤维织物。天然纤维织物是指棉、丝、羊毛等纤维制品。合成纤维织物是指由人工合成法制得的纤维制品。

问 86 纺织织物子分部装修工程中纺织织物施工应检查的内容有哪些?

纺织织物的施工检查,应检查下列文件和记录:

(1) 纺织织物燃烧性能等级的设计要求。

(2) 纺织织物燃烧性能型式检验报告,进场验收记录和抽样检验报告。

(3) 现场对纺织织物进行阻燃处理的施工记录及隐蔽工程验收记录。

问 87 纺织织物子分部装修工程中纺织织物的见证取样检验应满足什么防火要求?

下列材料进场应进行见证取样检查:

(1) B_1级、B_2级纺织织物。

(2) 现场对纺织织物进行阻燃处理所用的阻燃剂。

B_1级、B_2级纺织织物是建筑内部装修中普遍采用的材料,其燃烧性能的质量差异与产品种类、用途、生产厂家、进货渠道等多种因素有关;对于现场进行阻燃处理的施工,施工质量还与所用的阻燃剂密切相关,都应进行见证取样检验。

问 88 纺织织物子分部装修工程中纺织织物的抽样检验应满足什么防火要求?

下列材料应进行抽样检验:

(1) 对现场阻燃处理后的纺织织物,每种应取 $2m^2$ 进行燃烧性能的现场检验。

(2) 施工过程中受浸湿、燃烧性能可能受影响的纺织织物,每种应取 $2m^2$ 检验燃烧性能。

由于在施工过程中,纺织织物受浸湿或其他不利因素影响后，其燃烧性能会受到不同程度的影响。为了保证阻燃处理的施工质量，应进行抽样检验，但每次抽取样品的数量应有一定的限制。

问 89　纺织织物子分部装修工程的主控项目应满足什么防火要求？

（1）应检查设计中各部位纺织织物的燃烧性能等级要求，然后通过检查进场验收记录确认各部位纺织织物是否满足设计要求。对于没有达到设计要求的纺织织物，再检查是否有现场阻燃处理施工记录及抽样检验报告。

（2）在现场进行阻燃施工时，应检查阻燃剂的用量、适用范围、操作方法。在进行阻燃施工过程中，应使用计量合格的称量器具，并严格按使用说明书的要求进行施工。阻燃剂必须完全浸透织物纤维，阻燃剂干含量应符合检验报告或说明书的要求。因为阻燃剂的浸透过程和浸透时间以及阻燃剂干含量对纺织织物的阻燃效果至关重要。阻燃剂浸透织物纤维，是保证被处理的装饰织物具有阻燃性的前提，只有阻燃剂的干含量达到检验报告或说明书的要求时，才能保证被处理的纺织织物满足防火设计要求。

（3）为保证装修后的整体材料的燃烧性能，在现场对多层组合纺织织物进行阻燃处理时，应逐层进行。

问 90　纺织织物子分部装修工程的一般项目应满足什么防火要求？

（1）由于在进行阻燃处理的施工过程中，其他工种的施工可能会导致被处理的纺织织物表面受到污染而影响阻燃处理的施工质量。所以，在对纺织织物进行阻燃处理过程中，应保持施工区段的洁净，不使现场处理的纺织织物受到污染。

（2）要求阻燃处理后的纺织织物外观、颜色、手感等都应无明显异常，因为阻燃处理后的纺织织物若出现明显的盐析、返潮、变硬、褶皱等现象，会影响使用功能。

问 91　木质材料子分部装修工程中木质材料如何分类？

木材和以木材为基质的制品是建筑和交通运输方面最常用的一种材料，工厂、办公室、学校、商场、医院以及家庭等在建造和装修时大量应用这类材料，制作框架、板壁、地板和室内装饰装修等。

用于建筑内部装修的木质材料可分为天然木材和人造板材。

我国的天然木材有 50 余种，可分为两大类，即针叶材（红松、沙松等）和阔叶材（水曲柳、山杨等）。人造板材主要包括胶合板、刨花板和纤维板等。它们是由纤维、碎料、薄片和胶黏剂混合，经压制形成的板状材料。

问 92　木质材料子分部装修工程中木质材料施工应检查的内容有哪些？

（1）木质材料施工应检查下列文件和记录：

1）木质材料燃烧性能等级的设计要求。

2）木质材料燃烧性能型式检验报告、进场验收记录和抽样检验报告。

3）现场对木质材料进行阻燃处理的施工记录及隐蔽工程验收记录。

（2）在对木质材料的施工进行检查时，应检查：

1）木质材料燃烧性能等级的设计要求。

2）木质材料燃烧性能型式检验报告。

3）进场验收记录和抽样检验报告。

4）现场对木质材料进行阻燃处理的施工记录。

5）隐蔽工程验收记录等文件和记录。

问 93　木质材料子分部装修工程中木质材料的见证取样检验应满足什么防火要求？

下列材料进场应进行见证取样检验：

（1）B_1 级木质材料。

（2）现场进行阻燃处理所使用的阻燃剂及防火涂料。

对于天然木材，其燃烧性能等级一般可被确认为 B_2 级。但实际在建筑内部装修中广泛使用的是燃烧性能等级为 B_1 级的木质材料或产品，质量差异较大。其原因多与产品种类、用途、生产厂家、进货渠道、产品的加工方式和阻燃处理方式等多种因素有关；同时，对于现场进行阻燃处理的施工质量还与所用的阻燃剂密切相关。为保证阻燃处理的施工质量，对于 B_1 级木质材料、现场进行阻燃处理所使用的阻燃剂及防火涂料和饰面型防火涂料等，都应进行见证取样检验。

问 94　木质材料子分部装修工程中木质材料的抽样检验应满足什么防火要求？

下列材料应进行抽样检验：

（1）现场阻燃处理后的木质材料，每种取 $4m^2$ 检验燃烧性能。

（2）表面进行加工后的 B_1 级木质材料，每种取 $4m^2$ 检验燃烧性能。

由于 B_1 级木质材料表面经过加工后，可能会损坏表面阻燃层，应进行抽样检验。木质材料的难燃性试验的试件尺寸为：190mm×1000mm，厚度不超过80mm，每次试验需 4 个试件，一般需进行 3 组平行试验。木质材料的可燃性试验的试件尺寸为：90mm×100mm，90mm×230mm，厚度不超过 80mm，表面点火和边缘点火试验均需要 5 个试件；对于板材，可按尺寸直接制备试件，对于门框、龙骨等型材，可拼接后按尺寸制备试件。

问 95　木质材料子分部装修工程的主控项目应满足什么防火要求？

（1）应检查设计中各部位木质装修材料的燃烧性能等级要求，然后通过检查进场验收记录确认各部位木质装修材料是否满足设计要求。对于没有达到设计要求的木质装修材料，再检查是否有现场阻燃处理施工记录及抽样检验报告。

（2）使用阻燃剂处理木材，就是使阻燃液渗透到木材内部使其中的阻燃物质存留于木材内部纤维空隙间，一旦受火起到阻燃目的。使用防火涂料处理就是在木材表面涂刷一层防火涂料。通常防火涂料在受火后会产生一发泡层，从而起到保护木材不受火的作用。对木质装修材料的阻燃处理，目前主要有两种方法：一种是用阻燃剂对木材浸刷处理；另一种是将防火涂料涂刷在木材表面。显然，当木材表面已涂刷涂料后，以上防火处理将达不到目的。所以，要求木质材料进行阻燃处理前，表面不得涂刷涂料。

（3）木材含水率对木材的阻燃处理效果尤为重要，对于干燥的木材，阻燃剂易于浸入到木纤维内部，处理后的木材阻燃效果也显著。反之，如果木材含水率过高，则阻燃剂难以浸入到木纤维内部，处理后的木材阻燃效果也不会很好。当木材含水率不大于12％时，可以保证使用阻燃剂处理木材的效果。所以要求木质材料在进行阻燃处理时，木质材料含水率不应大于12％。

（4）在阻燃施工过程中，应使用计量合格的称量器具，并严格按使用说明书的要求进行施工。在现场进行阻燃施工时，应检查阻燃剂的用量、适用范围、操作方法等。

（5）要求木质材料涂刷或浸渍阻燃剂时，应对木质材料所有表面都进行涂刷或浸渍。由于木质材料不同于其他材料，它的每一个表面都可以是使用面，其中的任何一面都可能为受火面，因此应对木质材料的所有表面进行阻燃处理。有必要指出的是，目前我国有些地方在对木材进行阻燃施工时，仅在使用面的背面涂刷一层防火涂料，这种做法是不符合防火要求的。另外，由于阻燃剂的干含量是检验木材阻燃处理效果的一个重要指标。所以，涂刷或浸渍后的木材阻燃剂的干含量应符合检验报告或说明书的要求。

（6）由于固定家具及墙面等木装修，其表面可能还会粘贴其他装修材料。虽然，通常在木材表面粘贴时所使用的材料如阻燃防火板、阻燃织物等都是一些有机化工材料，但这些物质是不足以起到对木材的防火保护作用的，即使对所粘贴的材料进行阻燃处理，其整体防火性能仍不能符合要求。所以对木质材料粘贴装饰表面或阻燃饰面时，应先对木质材料进行阻燃处理并检验是否合格。

（7）使用防火涂料对木质材料表面进行阻燃处理时，应对木质材料的所有表面进行均匀涂刷，且不应少于 2 次，第二次涂刷应在第一次涂层表面干后进行，涂刷防火涂料用量不应少于 $500\mathrm{g/m^2}$。

问 96　木质材料子分部装修工程的一般项目应满足什么防火要求？

（1）现场进行阻燃处理时，应保持施工区段的洁净，现场处理的木质材料不应受污染。

（2）要求木质材料在涂刷防火涂料前应清理表面，表面不应有水、灰尘或油污，因为喷涂前木质材料表面有水或油渍会影响防火施工质量。

（3）阻燃处理后的木质材料表面应无明显返潮及颜色异常变化。若木质材料经阻燃处理后的表面有明显返潮或颜色变化，说明阻燃处理工艺存在问题。

问 97　高分子合成材料子分部装修工程施工应检查的内容有哪些？

高分子合成材料，用于建筑内部装修的主要为塑料、橡胶及橡塑材料等，是建筑火灾中较为危险的材料。

在对建筑内部装修子分部工程的高分子合成材料进行施工验收和工程验收时，应检查下列内容：

（1）高分子合成材料燃烧性能等级的设计要求。

（2）高分子合成材料燃烧性能型式检验报告、进场验收记录和抽样检验报告。

（3）现场对泡沫塑料进行阻燃处理的施工记录及隐蔽工程验收记录等。

问98 高分子合成材料子分部装修工程中高分子合成材料的见证取样检验应满足什么防火要求？

下列材料进场应进行见证取样检验：

（1）对 B_1 级、B_2 级高分子合成材料。

（2）现场进行阻燃处理所使用的阻燃剂及防火涂料。

高分子合成材料在建筑内部装修中被广泛使用，是建筑火灾中较为危险的材料，其质量差异与产品种类、用途、生产厂家、进货渠道、产品的加工方式和阻燃处理方式等多种因素有关，因此，为保证阻燃处理的施工质量，对 B_1 级、B_2 级高分子合成材料应进行见证取样检验。

由于现场进行阻燃处理的施工质量与所用的阻燃剂密切相关，考虑到目前我国防火涂料生产的实际情况，故对现场进行阻燃处理所使用的阻燃剂及防火涂料也应进行见证取样检验。

问99 高分子合成材料子分部装修工程中高分子合成材料的抽样检验应满足什么防火要求？

由于泡沫材料进行现场阻燃处理的复杂性，阻燃剂选择不当，将导致阻燃处理效果不佳。所以，根据泡沫材料燃烧性能试验的方法，每种取 $0.1m^3$ 检验。

问 100 **高分子合成材料子分部装修工程的主控项目应满足什么防火要求?**

（1）保证高分子合成材料燃烧性能等级符合设计要求。首先检查设计中各部位高分子合成材料的燃烧性能等级要求，然后通过检查进场验收记录确认各部位高分子合成材料是否满足设计要求。对于没有达到设计要求的高分子合成材料，再检查是否有现场阻燃处理施工记录及抽样检验报告。

（2）高分子合成材料装修的防火质量与施工方式有关。如黏结材料选用不当或不按规定方式进行安装施工等，都可能导致安装后的材料燃烧性能等级降低。所以，B_1 级、B_2 级高分子合成材料，应按设计要求进行施工。

（3）对具有贯穿孔的泡沫塑料进行阻燃处理时，应检查阻燃剂的用量、适用范围、操作方法。阻燃施工过程中，应使用计量合格的称量器具，并按使用说明书的要求进行施工。必须使泡沫塑料被阻燃剂浸透，阻燃剂干含量应符合检验报告或说明书的要求。

（4）确保高分子合成材料的耐燃时间满足设计要求。根据多次试验的检验数据，对于顶棚内采用的泡沫塑料，应涂刷防火涂料。防火涂料宜选用耐火极限大于 30min 的超薄型钢结构防火涂料或一级饰面型防火涂料，湿涂覆比值应大于 $500g/m^2$。涂刷应均匀，且涂刷不应少于 2 次。

（5）正确敷设电工套管及各种配件，是防止电气火灾的一项重要措施。电工套管及各种配件，应以 A 级材料为基材或采用 A 级材料，使之与其他装修材料隔绝，B_2 级塑料电工套管不得明敷；B_1 级塑料电工套管明敷时，应明敷在 A 级材料表面；当塑料电工套管穿过 B_1 级以下（含 B_1 级）的装修材料时，应采用 A 级材料或防火封堵密封件严密封堵。

问 101 　高分子合成材料子分部装修工程的一般项目应满足什么防火要求？

（1）对具有贯穿孔的泡沫塑料进行阻燃处理时，应保持施工区段的洁净，避免其他工种施工的影响，以保证不改变材料的使用功能。

（2）泡沫塑料经阻燃处理后，不应降低其使用功能，表面不应出现明显的盐析、返潮和变硬等现象。

（3）泡沫塑料在进行阻燃处理的过程中，应保持施工区段的洁净，现场处理的泡沫塑料不应受污染。

问 102 　复合材料子分部装修工程中复合材料施工应检查的内容有哪些？

复合材料施工应检查下列文件和记录：

（1）复合材料燃烧性能等级的设计要求。

（2）复合材料燃烧性能型式检验报告、进场验收记录和抽样检验报告。

（3）现场对复合材料进行阻燃处理的施工记录及隐蔽工程验收记录。

问 103 　复合材料子分部装修工程中复合材料的见证取样和抽样检验应满足什么防火要求？

（1）对于进入施工现场的 B_1 级、B_2 级复合材料和现场进行阻燃处理所使用的阻燃剂及防火涂料等，都应进行见证取样检验。

（2）现场阻燃处理后的复合材料应进行抽样检验，每种取 $4m^2$ 检验燃烧性能。

问 104 复合材料子分部装修工程的主控项目应满足
什么防火要求？

（1）复合材料的防火安全性体现在其整体的完整性。若饰面层
内的芯材外露，则整体使用功能将受到影响，其整体的燃烧性能等
级也可能会降低。因此，复合材料燃烧性能等级应符合设计要求。

（2）复合材料应按设计要求进行施工，饰面层内的芯材不得暴
露，以保证防火涂料的喷涂质量。

（3）采用复合保温材料制作的通风管道，复合保温材料的芯材
不得暴露。当复合保温材料芯材的燃烧性能不能达到 B_1 级时，应
在复合材料表面包覆玻璃纤维布等不燃性材料，并应在其表面涂刷
饰面型防火涂料。防火涂料湿涂覆比值应大于 $500g/m^2$，且至少涂
刷 2 次。

问 105 其他材料子分部装修工程中防火封堵材料施工应
检查的内容有哪些？

其他材料可包括防火封堵材料和涉及电气设备、灯具、防火门
窗、钢结构装修的材料等。这些都是保证装修防火质量不可遗漏的
项目。

其他材料施工的检查，应当对材料燃烧性能等级的设计要求；
材料燃烧性能型式检验报告、进场验收记录和抽样检验报告；现场
对材料进行阻燃处理的施工记录及隐蔽工程验收记录进行检查。

问 106 其他材料子分部装修工程中防火封堵材料的见证
取样与抽样检验应满足什么防火要求？

下列材料进场应进行见证取样检验：

（1）B_1、B_2 级材料。

（2）现场进行阻燃处理所使用的阻燃剂及防火涂料。

对现场阻燃处理后的复合材料应进行抽样检验。

问 107 其他材料子分部装修工程的主控项目应满足什么防火要求?

（1）为了保证材料燃烧性能等级符合设计要求，应当首先检查设计中各部位材料的燃烧性能等级要求，然后通过检查进场验收记录确认各部位材料是否满足设计要求。对于没有达到设计要求的材料，再检查是否有现场阻燃处理施工记录及抽样检验报告。

（2）一般情况下防火门不允许改装，如因装修需要不得不对防火门的表面加装贴面材料或进行其他装修处理时，加装贴面后，不得减小门框和门的规格尺寸，不得降低防火门的耐火性能，所用贴面材料的燃烧性能等级不应低于 B_1 级。总之不得降低防火门的耐火性能。

（3）建筑隔墙或隔板、楼板的孔洞需要封堵时，应采用防火堵料严密封堵。当采用防火堵料封堵孔洞、缝隙及管道井和电缆竖井时，应根据孔洞、缝隙及管道井和电缆竖井所在位置的墙板或楼板的耐火极限要求选用防火堵料。采用的各种防火堵料经封堵施工后的孔洞、缝隙及管道井，填堵必须牢固，不得留有间隙，以确保封堵质量。用于其他部位的防火堵料，应根据施工现场情况选用，其施工方式应与检验时的方式一致。防火堵料施工后的孔洞、缝隙，填堵必须严密、牢固。

（4）为了保证阻火圈的阻火功能，阻火圈的安装应牢固，采用阻火圈的部位不得对阻火圈进行包裹。

（5）电气设备及灯具的施工应满足以下要求。

1）当有配电箱及电控设备的房间内使用了低于 B_1 级的材料进行装修时，配电箱必须采用不燃材料制作。

2）配电箱的壳体和底板应采用 A 级材料制作，配电箱不应直接安装在低于 B_1 级的装修材料上。

3）动力、照明、电热器等电气设备的高温部位靠近 B_1 级以下（含 B_1 级）材料或导线穿越 B_1 级以下（含 B_1 级）装修材料时，应采用瓷管或防火封堵密封件分隔，并用岩棉、玻璃棉等 A 级材料隔热。

4）安装在 B_1 级以下（含 B_1 级）装修材料内的配件，如插座、开关等，必须采用防火封堵密封件或具有良好隔热性能的 A 级材料隔绝。

5）灯具直接安装在 B_1 级以下（含 B_1 级）的材料上时，应采取隔热、散热等措施。

6）灯具的发热表面不得靠近 B_1 级以下（含 B_1 级）的材料。

第三章

建筑消防系统

第一节　室内消火栓系统

问108　室内消火栓管道应如何安装？

　　室内消火栓管道，通常有干管、立管和支管。在土建主体工程完成，并且墙面粉刷完毕后，即可开始室内消火栓管道的安装工作安装的步骤，是由安装干管开始，然后再安装立管和支管。但是在土建施工的时候，应当按照图纸要求预留孔洞，如基础的管道入口洞、墙面上的支架洞、过墙管孔洞以及设备基础地脚螺栓孔洞等。同时可根据图纸预制加工出各类管件，如管子的煨弯、阀件的清洗和组装及管子的刷油等。

1. 干管的安装

　　首先应了解和确定干管的标高、位置、坡度、管径等，正确地按照尺寸埋好支架。待支架牢固后，就可以架设连接。管子和管件可先在地面组装，长度以方便吊装为宜。起吊后，轻轻落在支架上，用支架上的卡环固定，防止滚落。采用螺纹连接的管子，则吊上后即可上紧。在采用焊接时，可以全部吊装完毕后再焊接，但焊口的位置要在地面组装时就考虑好，选定在较合适的部位，便于焊工的操作。干管安装完毕后，还要拨正调直；从管子端看过去，整根管道均在一条直线上。干管的变径，要在分出支管之后，距离主分支管要有一定的距离，大小等于大管的直径，但是不应该小于100mm。干管变径安装后，再用水平尺在每段上进行一次复核，防止局部管段存在"塌腰"或"拱起"现象。

2. 立、支管的安装

　　干管安装完毕后即可以安装立管。用线垂吊挂在立管位置上，用"粉囊"，在墙面上弹出垂直线，立管就可以根据该线来安装。同时，根据墙面上的线和立管与墙面确定的尺寸，可以预先埋好立管卡。立管长度较长，如采用螺纹连接时，可以按图纸上所确定的立管管件，量出实际尺寸记录在图纸上，先进行预组装。安装后经过调直，将立管的管段做好编号，再拆开到现场重新组装。这种安装方法可以加快进度，确保质量。立管安装后，便可以安装支管，方法也是先在墙上弹出位置线，但必须在所接的设备安装定位后才可以连接。安装方法与立管相同。应当注意的是当支立管的直径都较小，并且采用焊接时，要防止三通口的接头处管径缩小，或因焊瘤将管子堵死。

问 109 室内消火栓应如何安装?

1. 消火栓箱的安装

室内消火栓均安装在消火栓箱内，安装消火栓应当首先安装消火栓箱。消火栓箱分明装、半暗装和暗装三种形式，如图 3-1 所示。其箱底边距地面高度为 1.08m。常用消火栓箱尺寸见表 3-1。

表 3-1　　　　　　　　　消火栓箱尺寸　　　　　　　　（mm）

箱体尺寸（$L \times H$）	箱宽 C	安装孔距 E
650×800		50
700×1000	200、240、320 三种规格	50
750×1200		50
1000×700		250

暗装及半暗装均要土建工程施工时预留箱洞，在安装时，将消火栓箱放入洞内，找平找正，找好标高，再用水泥砂浆塞满箱的四周空隙，将箱固定。在采用明装时，先在墙上安好螺栓，按螺栓的位置，在消火栓箱背部钻孔，将箱子就位、加垫，拧紧螺帽固定。当消火栓箱安装在轻质隔墙上时，应有加固措施。

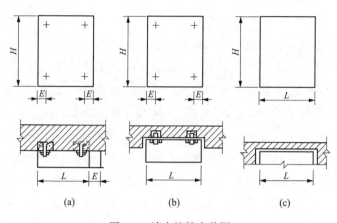

图 3-1　消火栓箱安装图

（a）明装；（b）半暗装；（c）暗装

2. 室内消火栓的安装

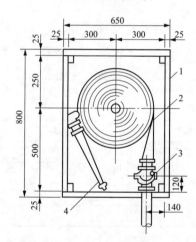

图 3-2　室内消火栓安装（单位：mm）

1—消火栓箱；2—水带；

3—消火栓；4—消防水箱

如图 3-2 所示，消火栓在安装时，栓口必须朝外，消火栓阀门中心距地面是 1.2m，允许偏差是 20mm；距箱侧面是 140mm，距箱后内表面是 100mm，允许偏差是 5mm。

消防水带折好放在挂架上或是卷实、盘紧放在箱内，消防水枪竖放在箱内，自救式水枪和消防水带应置于挂钩上或是放在箱底。消防水带与水枪快速接头连接时，采用 14 号铅丝缠 2 道，每道不少于 2 圈；在使用卡箍连接时，在里侧加一圈铅丝。消火栓安装应当平整牢固，各零件齐全牢靠。在安装完毕后，根据规定进行强度试验和严密性试验。

问 110　消防水泵接合器应如何安装？

消防水泵接合器有墙壁式、多用式地上式及地下式之分。在组装时，按接口、本体、连接管、止回阀、安全阀、放空管、控制阀的顺序进行。止回阀的安装方向应使消防用水能够从消防水泵接合器进入系统，为了防止消防车加压过高而破坏室内管网和部件，安全阀必须按系统工作压力进行压力整定。

1. 墙壁式消防水泵接合器的安装

如图 3-3 所示，墙壁式消防水泵接合器安装在建筑物外墙上，其安装高度距地面是 1.1m，和墙面上的门、窗、孔、洞的净距离不应小于 2.0m，且不应当安装在玻璃幕墙下方。墙壁式水泵接合器应当设明显标志，与地上式消火栓应当有明显区别。

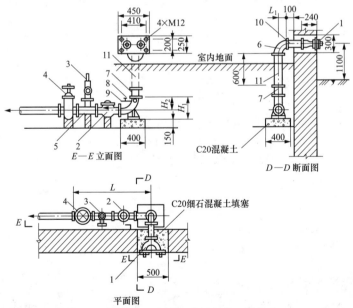

图 3-3　墙壁式消防水泵接合器安装（单位：mm）

1—消防接口、本体；2—止回阀；3—安全阀；4—闸阀；5—三通；6—90°弯头；
7—法兰接管；8—截止阀；9—镀锌管；10、11—法兰直管

2. 地上式消防水泵接合器安装

地上式消防水泵接合器安装如图 3-4 所示，接合器一部分安装在阀门井中，另一部分安装在地面上。为了避免阀门井内部件锈蚀，阀门井内应当建有积水坑，积水坑内积水定期排除，对阀门井内活动部件应当进行防腐处理，地上式消防水泵接合器入口处应当设置与消火栓区别的固定标志。

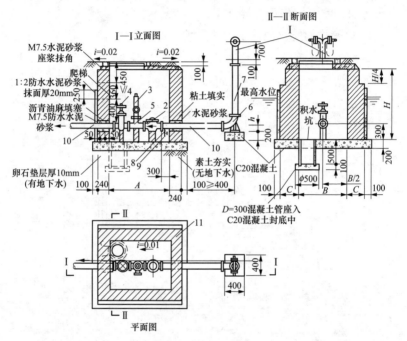

图 3-4　地上式消防水泵接合器安装（单位：mm）

1—消防接口、本体；2—止回阀；3—安全阀；4—闸阀；5—三通；6—90°弯头；
7—法兰接管；8—截止阀；9—镀锌管；10—法兰直管；11—阀门井

3. 地下式消防水泵接合器的安装

地下式消防水泵接合器的安装如图 3-5 所示，地下式消防水泵接合器设于专用井室内，井室用铸有"消防水泵接合器"标志的铸铁井盖，在附近设置指示其位置的固定标志，以便识别。在安装时，注意使地下式消防水泵接合器进水口与井盖底面的距离大于井盖的半径且小于 0.4m。

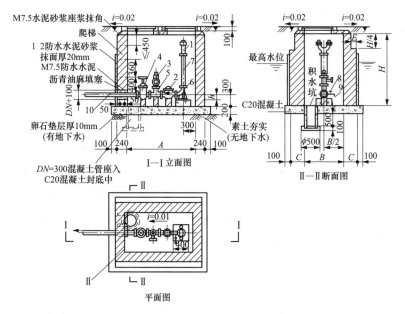

图 3-5　地下式消防水泵接合器安装（单位：mm）

1—消防接口、本体；2—止回阀；3—安全阀；4—闸阀；5—三通；6—90°弯头；

7—法兰接管；8—截止阀；9—镀锌管；10—法兰直管

第二节　自动喷水灭火系统

问 111　自动喷水灭火系统供水设施应如何安装？

1. 一般要求

消防水泵、消防水箱、消防水池、消防气压给水设备消防水泵接合器等供水设施及其附属管道安装或施工时，应清除其内部污垢和杂物。安装中断时，其敞口处应封闭。

因为施工现场的复杂性，杂物、浮土、麻绳、水泥块等非常容易进行管道和设备中。所以自动喷水灭火系统的施工要求更高，更应注意洁净施工，杜绝杂物进入喷水灭火系统中。

供水设施安装时其环境温度不应低于5℃，应安装在不易受损并便于维修的地方，其目的是为了保证安装质量、防止意外损伤。供水设施安装一般要进行焊接和试水，如果环境温度低于5℃，又没有采取任何保护措施时，由于温度剧变、物质体态变化的应力，极易造成设备损伤。

2. 消防水泵和稳压泵安装

（1）消防水泵和稳压泵的规格、型号应满足设计要求，并应有产品合格证和安装使用说明书。为保证施工单位和建设单位正确选用设计图纸中指定的产品，防止不合格产品进入自动喷水灭火系统，设备安装与验收时注意检验产品合格证和安装使用说明书及其产品质量是非常必要的。

（2）消防水泵、稳压泵的安装，应符合现行国家标准GB 50275—2010《风机、压缩机、泵安装工程施工及验收规范》的有关规定。

（3）当设计无要求时，消防水泵的出水管上应安装止回阀、控制阀和压力表，且应安装并检查试水用的放水阀门；消防水泵泵组的总出水管上还应安装压力表；安装压力表时应加设缓冲装置。缓冲装置前面应安装旋塞，压力表量程应为工作压力的2～2.5倍。

（4）吸水管及其附件的安装要求

1）吸水管上的控制阀应在消防水泵固定于基础上之后再进行安装，其直径不应小于消防水泵吸水口直径，且不应采用没有可靠锁定装置的蝶阀，蝶阀应采用沟槽式或法兰式蝶阀。

2）当消防水泵和消防水池位于独立的两个基础上且相互为刚性连接时，吸水管上应加设柔性连接管。

3）吸水管水平管段上不应有气囊和漏气现象。变径连接时应采用偏心异径管件，并采用管顶平接。连接时应保持其管顶平直。

消防水泵吸水管的正确安装是消防水泵正常运行的根本保障。吸水管上安装控制阀是为了便于消防水泵的维修。先固定消防水泵，然后再安装控制阀门，以避免消防水泵承受应力。蝶阀由于水阻力大，受振动等因素容易自行关闭或关小，因此不得在吸水管上使用。

当消防水泵和消防水池位于独立基础上时，由于沉降不均匀，可能造成消防水泵吸水管承受内应力。最终应力加在消防水泵上，将会造成消防水泵损坏。最简单的解决方法是加一段柔性连接管，如图 3-6 所示。

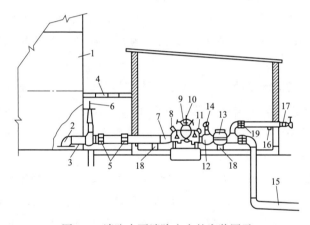

图 3-6　消防水泵消除应力的安装图示

1—消防水池；2—进水弯头；3—吸水管；4—防冻盖板；5—消除应力之柔性连接管；
6—闸阀；7—偏心异径接头；8—吸水压力表；9—卧式泵体可分式消防泵；
10—自动排气装置；11—出水压力表；12—渐缩的出水三通；13—多功能水
泵控制阀或止回阀；14—泄压阀；15—出水管；16—泄水阀或球形滴水器；
17—有水带阀门的水带阀门集合管；18—管道支座；19—指示性闸阀或指示性蝶阀

消防水泵吸水管安装如果有倒坡现象则会产生气囊，采用大小头和消防水泵吸水口连接，如果是同心大小头，则在吸水管上部有倒坡现象存在。异径管的大小头上部会存留从水中析出的气体，所以应采用偏心异径管且要求吸水管的上部保持平直，如图 3-7 所示。

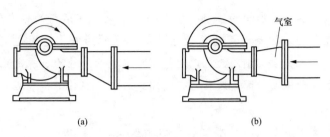

(a) (b)

图 3-7　正确和错误的水泵吸水管

（a）正确；（b）错误

3. 消防水箱安装和消防水池施工

（1）消防水池、高位消防水箱的施工和安装应符合现行国家标准 GB 50141—2008《给水排水构筑物工程施工及验收规范》的有关规定。

（2）消防水箱的容积、安装位置应符合设计要求。安装时应确保消防水箱间的主要通道宽度不小于 1.0m；钢板消防水箱四周应有宽度不小于 0.7m 的检修通道，消防水箱顶部至楼板或梁底的最小距离不得小于 0.6m。

高位水箱安装完毕后应有供检修用的通道。通道的宽度和国家现行的有关标准相一致。日常的维护管理需要有良好的工作环境。

（3）消防水池、消防水箱的溢流管、泄水管不得与生产或生活用水的排水系统直接相连，应采用间接排水方式。

（4）管道穿过钢筋混凝土消防水箱或消防水池时，应加设防水套管；对有振动的管道还应加设柔性接头。进水管和出水管的接头与钢板消防水箱的连接应采用焊接，焊接处应做防锈处理。

消防水备而不用，特别是消防专用水箱。水存的时间长了，水质会慢慢变坏，杂质逐渐增加。除锈、防腐做得不好，会加速水中的电化学反应，最终造成水箱锈损。

4. 消防气压给水设备安装

（1）消防气压给水设备的气压罐，其容积、气压、水位及工作压力应符合设计要求。

（2）消防气压给水设备安装位置、进水管、出水管方向应符合设计要求；出水管上应设止回阀，安装时其四周应设宽度不小于0.7m的检修通道，消防气压给水设备顶部至楼板或梁底的距离不宜小于0.6m。

（3）消防气压给水设备上的安全阀、压力表、泄水管、水位指示器等的安装应符合产品使用说明书的要求。

消防气压给水设备作为一种提供压力水的设备在我国经历了数十年的发展及使用。特别是近10年来的研究和改进，日趋成熟和完善。产品标准已制订、发布、实施，一般生产该类设备的厂家都是整体装配完毕，调试合格后再出厂，所以在设备的安装过程中，只要不发生碰撞且进水管、出水管、充气管的标高、管径等符合设计要求，其安装质量是能够保证的。

5. 消防水泵接合器安装

（1）组装式消防水泵接合器的安装，应按接口、本体、连接管、止回阀、安全阀、放空管、控制阀的顺序进行，止回阀的安装方向应使消防用水能从消防水泵接合器进入系统；整体式消防水泵接合器的安装，按其使用安装说明书进行。

（2）消防水泵接合器的安装应符合下列规定：

1）消防水泵接合器应安装在便于消防车接近的人行道或非机动车行驶地段，距室外消火栓或消防水池的距离宜为15～40m。

2）自动喷水灭火系统的消防水泵接合器应设置与消火栓系统的消防水泵接合器区别的永久性固定标志，并有分区标志。

3）地下消防水泵接合器应采用铸有"消防水泵接合器"标志的铸铁井盖，并在附近设置指示其位置的永久性固定标志。

4）墙壁消防水泵接合器的安装应符合设计要求。设计无要求时，其安装高度距地面宜为0.7m，与墙面上的门、窗、孔、洞的净距离不应小于2.0m，且不应安装在玻璃幕墙下方。

（3）地下消防水泵接合器的安装，应使进水口与井盖底面的距离不大于0.4m，且不应小于井盖的半径。

（4）地下消防水泵接合器井的砌筑应有防水和排水措施。

问 112 **自动喷水灭火系统管网应如何安装？**

1. 管网连接

管子基本直径小于或等于100mm时，应采用螺纹连接；当管网中管子基本直径大于100mm时，可用焊接或法兰连接。连接后，均不得减小管道的通水横断面面积。

2. 管道支架、吊架、防晃支架的安装

管道支架、吊架、防晃支架的安装应符合下列要求。

（1）管道的安装位置应符合设计要求。当设计无要求时，管道的中心线与梁、柱、楼板等的最小距离见表3-2。

表3-2　　　管道的中心线与梁、柱、楼板等的最小距离

公称直径（mm）	25	32	40	50	70	80	100	125	150	200
距离（mm）	40	40	50	60	70	80	100	125	150	200

（2）管道应固定牢固，管道支架或吊架之间距不应大于表3-3、表3-4的规定。

表3-3　　　镀锌钢管道涂覆钢管道支架或吊架之间的距离

公称直径（mm）	25	32	40	50	70	80	100	125	150	200	250	300
距离（m）	3.5	4.0	4.5	5.0	6.0	6.0	6.5	7.0	8.0	9.5	11.0	12.0

表3-4　　　不锈钢管道的支架或吊架之间的距离

公称直径（mm）	25	32	40	50～100	150～300
水平管（m）	1.8	2.0	2.2	2.5	3.5
立管（m）	2.2	2.5	2.8	3.0	4.0

注　1. 在距离各管件或阀门100mm以内应采用管卡牢固固定，特别在干管变支管处。
　　　2. 阀门等组件应加设承重支架。

（3）管道支架、吊架、防晃支架的型式、材质、加工尺寸及焊接质量等，应符合设计和国家现行有关标准的规定。

（4）管道吊架、支架的安装位置不应妨碍喷头的喷水效果；管道支架、吊架与喷头之间的距离不宜小于 300mm，与末端喷头之间的距离不宜大于 750mm。

（5）配水支管上每一直管段、相邻两喷头之间的管段设置的吊架均不宜少于 1 个，吊架的间距不宜大于 3.6m。

（6）当管道的公称直径等于或大于 50mm 时，每段配水干管或配水管设置防晃支架不应少于 1 个，且防晃支架的间距不宜大于 15m；当管道改变方向时，应增设防晃支架。

（7）竖直安装的配水干管除中间用管卡固定外，还应在其始端和终端设防晃支架或采用管卡固定，其安装位置距地面或露面的距离宜为 1.5～1.8m。

（8）管道穿过建筑物的变形缝时，应采取抗变形措施。穿过墙体或楼板时应加设套管，套管长度不得小于墙体厚度，穿过楼板的套管其顶部应高出装饰地面 20mm；穿过卫生间或厨房楼板的套管，其顶部应高出装饰地面 50mm，且套管底部应与楼板底面相平。套管与管道的间隙应采用不燃材料填塞密实。

（9）管道横向安装宜设 2‰～5‰的坡度，且应坡向排水管；当局部区域难以利用排水管将水排净时，应采取相应的排水措施。当喷头数量少于或等于 5 只时，可在管道低凹处加设堵头，当喷头数量大于 5 只时，宜装设带阀门的排水管。

（10）配水干管、配水管应做红色或红色环圈标志。红色环圈标志，宽度不应小于 20mm，间隔不宜大于 4m，在一个独立的单元内环圈不宜少于 2 处。其目的是为了便于识别自动喷水灭火系统的供水管道，着红色与消防器材色标规定相一致。

（11）管网在安装中断时，应将管道的敞口封闭。其目的是为了防止安装时造成异物自然或人为的进入管道、堵塞管网。

问 113　　自动喷水灭火系统喷头应如何安装？

（1）喷头安装必须在系统试压、冲洗合格后进行。

（2）喷头安装时，不应对喷头进行拆装、改动，并严禁给喷头、隐蔽式喷头的装饰盖板附加任何装饰性涂层。

（3）喷头安装应使用专用扳手，严禁利用喷头的框架施拧；喷头的框架、溅水盘产生变形或释放原件损伤时，应采用规格、型号相同的喷头更换。

（4）安装在易受机械损伤处的喷头，应加设喷头防护罩。

（5）喷头安装时，溅水盘与吊顶、门、窗、洞口或障碍物的距离应符合设计要求。

（6）安装前检查喷头的型号、规格、使用场所应符合设计要求。系统采用隐蔽式喷头时，配水支管的标高和吊顶的开口尺寸应准确控制。

（7）当喷头的公称直径小于 10mm 时，应在配水干管或配水管上安装过滤器。

（8）当喷头溅水盘高于附近梁底或高于宽度小于 1.2m 的通风管道、排管、桥架腹面时，喷头溅水盘高于梁底、通风管道、排管、桥架腹面的最大垂直距离应符合表 3-5～表 3-13 中的规定，示意图见图 3-8。

表 3-5　喷头溅水盘高于梁底、通风管道腹面的最大垂直距离

（标准直立与下垂喷头）　　　　　　（mm）

喷头与梁、通风管道、排管、桥架的水平距离 a	喷头溅水盘高于梁底、通风管道、排管、桥架腹面的最大垂直距离 b
$a<300$	0
$300 \leqslant a<600$	60
$600 \leqslant a<900$	140
$900 \leqslant a<1200$	240

续表

喷头与梁、通风管道、排管、桥架的水平距离 a	喷头溅水盘高于梁底、通风管道、排管、桥架腹面的最大垂直距离 b
1200≤a＜1500	350
1500≤a＜1800	450
1800≤a＜2100	600
a≥2100	880

表 3-6　喷头溅水盘高于梁底、通风管道腹面的最大垂直距离
（边墙型喷头，与障碍物平行）　　（mm）

喷头与梁、通风管道、排管、桥架的水平距离 a	喷头溅水盘高于梁底、通风管道、排管、桥架腹面的最大垂直距离 b
a＜300	30
300≤a＜600	80
600≤a＜900	140
900≤a＜1200	200
1200≤a＜1500	250
1500≤a＜1800	320
1800≤a＜2100	380
2100≤a＜2250	440

表 3-7　喷头溅水盘高于梁底、通风管道腹面的最大垂直距离
（边墙型喷头，与障碍物垂直）　　（mm）

喷头与梁、通风管道、排管、桥架的水平距离 a	喷头溅水盘高于梁底、通风管道、排管、桥架腹面的最大垂直距离 b
a＜1200	不允许
1200≤a＜1500	30
1500≤a＜1800	50
1800≤a＜2100	100
2100≤a＜2400	180
a≥2400	280

表 3-8　喷头溅水盘高于梁底、通风管道腹面的最大垂直距离

（扩大覆盖面直立与下垂喷头）　　（mm）

喷头与梁、通风管道、排管、桥架的水平距离 a	喷头溅水盘高于梁底、通风管道、排管、桥架腹面的最大垂直距离 b
a＜300	0
300≤a＜600	0
600≤a＜900	30
900≤a＜1200	80
1200≤a＜1500	130
1500≤a＜1800	180
1800≤a＜2100	230
2100≤a＜2400	350
2400≤a＜2700	380
2700≤a＜3000	480

表 3-9　喷头溅水盘高于梁底、通风管道腹面的最大垂直距离

（扩大覆盖面边墙型喷头，与障碍物平行）　　（mm）

喷头与梁、通风管道、排管、桥架的水平距离 a	喷头溅水盘高于梁底、通风管道、排管、桥架腹面的最大垂直距离 b
a＜450	0
450≤a＜900	30
900≤a＜1200	80
1200≤a＜1350	130
1350≤a＜1800	180
1800≤a＜1950	230
1950≤a＜2100	280
2100≤a＜2250	350

表 3-10   喷头溅水盘高于梁底、通风管道腹面的最大垂直距离
（扩大覆盖面边墙型喷头，与障碍物垂直）   （mm）

喷头与梁、通风管道、排管、桥架的水平距离 a	喷头溅水盘高于梁底、通风管道、排管、桥面腹面的最大垂直距离 b
$a<2400$	不允许
$2400 \leqslant a<3000$	30
$3000 \leqslant a<3300$	50
$3300 \leqslant a<3600$	80
$3600 \leqslant a<3900$	100
$3900 \leqslant a<4200$	150
$4200 \leqslant a<4500$	180
$4500 \leqslant a<4800$	230
$4800 \leqslant a<5100$	280
$a \geqslant 5100$	350

表 3-11   喷头溅水盘高于梁底、通风管道腹面的最大垂直距离
（特殊应用喷头）   （mm）

喷头与梁、通风管道、排管、桥架的水平距离 a	喷头溅水盘高于梁底、通风管道、排管、桥架腹面的最大垂直距离 b
$a<300$	0
$300 \leqslant a<600$	40
$600 \leqslant a<900$	140
$900 \leqslant a<1200$	250
$1200 \leqslant a<1500$	380
$1500 \leqslant a<1800$	550
$a \geqslant 1800$	780

表 3-12 　　　　喷头溅水盘高于梁底、通风管道腹面的最大

垂直距离（ESFR 喷头）　　　　（mm）

喷头与梁、通风管道、排管、桥架的水平距离 a	喷头溅水盘高于梁底、通风管道、排管、桥架腹面的最大垂直距离 b
$a < 300$	0
$300 \leqslant a < 600$	40
$600 \leqslant a < 900$	140
$900 \leqslant a < 1200$	250
$1200 \leqslant a < 1500$	380
$1500 \leqslant a < 1800$	550
$a \geqslant 1800$	780

表 3-13 　　　喷头溅水盘高于梁底、通风管道腹面的最大垂直距离

（直立和下垂型家用喷头）　　　（mm）

喷头与梁、通风管道、排管、桥架的水平距离 a	喷头溅水盘高于梁底、通风管道、排管、桥架腹面的最大垂直距离 b
$a < 450$	0
$450 \leqslant a < 900$	30
$900 \leqslant a < 1200$	80
$1200 \leqslant a < 1350$	130
$1350 \leqslant a < 1800$	180
$1800 \leqslant a < 1950$	230
$1950 \leqslant a < 2100$	280
$a \geqslant 2100$	350

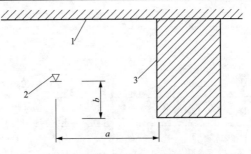

图 3-8　喷头与梁等障碍物的距离

1—天花板或屋顶；2—喷头；3—障碍物

（9）当梁、通风管道、排管、桥架宽度大于 1.2m 时，增设的喷头应安装在其腹面以下部位。

（10）当喷头安装在不到顶的隔断附近时，喷头与隔断的水平距离和最小垂直距离应符合表 3-14 中的规定，示意图见图 3-9。

（11）下垂式早期抑制快速响应（ESFR）喷头溅水盘与顶板的距离应为 150～360mm。直立式早期抑制快速响应（ESFR）喷头溅水盘与顶板的距离为 100～150mm。

表 3-14　　　　　　喷头与隔断的水平距离和最小垂直距离　　　　　（mm）

喷头与隔断的水平 距离 a	喷头与隔断的 最小垂直距离 b	喷头与隔断的水平 距离 a	喷头与隔断的 最小垂直距离 b
$a<150$	80	$450\leqslant a<600$	310
$150\leqslant a<300$	150	$600\leqslant a<750$	390
$300\leqslant a<450$	240	$a\geqslant 750$	450

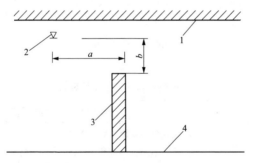

图 3-9　喷头与隔断障碍物的距离

1—天花板或屋顶；2—喷头；3—障碍物；4—地板

（12）顶板处的障碍物与任何喷头的相对位置，应使喷头到障碍物底部的垂直距离（H）以及到障碍物边缘的水平距离（L）满足图 3-10 所示的要求。当无法满足要求时，应满足下列要求之一：

1）当顶板处实体障碍物宽度不大于 0.6m 时，应在障碍物的两侧都安装喷头，且两侧喷头到该障碍物的水平距离不应大于所要求喷头间距的一半。

2）对顶板处非实体的建筑构件，喷头与构件侧缘应保持不小于 0.3m 的水平距离。

（13）早期抑制快速响应（ESFR）喷头与喷头下障碍物的距离应满足本规范图 3-10 所示的要求。当无法满足要求时，喷头下障碍物的宽度与位置应满足表 3-15 的要求。

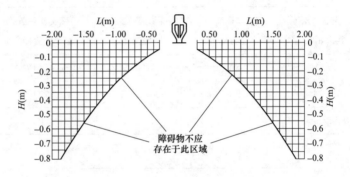

图 3-10　喷头与障碍物的相对位置

表 3-15　　　　　　　　喷头下障碍物的宽度与位置

喷头下障碍物 宽度 W(cm)	障碍物位置或其他要求	
	障碍物边缘距喷头溅水盘 最小允许水平距离 L(m)	障碍物顶端距喷头溅水盘 最小允许垂直距离 H(m)
W≤2	任意	0.1
2<W≤5	任意	0.6
	0.3	任意
5<W≤30	0.3	任意
30<W≤60	0.6	任意

续表

喷头下障碍物 宽度 W(cm)	障碍物位置或其他要求	
	障碍物边缘距喷头溅水盘 最小允许水平距离 L(m)	障碍物顶端距喷头溅水盘 最小允许垂直距离 H(m)
$W \geqslant 60$	障碍物位置任意。障碍物以下应加装同类喷头，喷头最大间距应为 2.4m。若障碍物底面不是平面（例如圆形风管）或不是实体（例如一组电缆），应在障碍物下安装一层宽度相同或稍宽的不燃平板，再按要求在这层平板下安装喷头	

（14）直立式早期抑制快速响应（ESFR）喷头下的障碍物，满足下列任一要求时，可以忽略不计。

1）腹部通透的屋面托架或桁架，其下弦宽度或直径不大于 10cm。

2）其他单独的建筑构件，其宽度或直径不大于 10cm。

3）单独的管道或线槽等，其宽度或直径不大于 10cm，或者多根管道或线槽，总宽度不大于 10cm。

问 114　自动喷水灭火系统报警阀组安装要求有哪些？

（1）报警阀组的安装应在供水管网试压、冲洗合格后进行。安装时应先安装水源控制阀、报警阀，然后进行报警阀辅助管道的连接。水源控制阀、报警阀与配水干管的连接，应使水流方向一致。报警阀组安装的位置应符合设计要求；当设计无要求时，报警阀组应安装在便于操作的明显位置，距室内地面高度宜为 1.2m；两侧与墙的距离不应小于 0.5m；正面与墙的距离不应小于 1.2m；报警阀组凸出部位之间的距离不应小于 0.5m。安装报警阀组的室内地面应有排水设施，排水能力应满足报警阀调试、验收和利用试水阀门泄空系统管道的要求。

（2）报警阀组附件的安装应符合下列要求：

1）压力表应安装在报警阀上便于观测的位置。

2）排水管和试验阀应安装在便于操作的位置。

3）水源控制阀安装应便于操作，且应有明显开闭标志和可靠的锁定设施。

（3）湿式报警阀组的安装应符合下列要求：

1）应使报警阀前后的管道中能顺利充满水；压力波动时，水力警铃不应发生误报警。

2）报警水流通路上的过滤器应安装在延迟器前，且便于排渣操作的位置。

（4）干式报警阀组的安装应符合下列要求：

1）应安装在不发生冰冻的场所。

2）安装完成后，应向报警阀气室注入高度为 50～100mm 的清水。

3）充气连接管接口应在报警阀气室充注水位以上部位，且充气连接管的直径不应小于 15mm；止回阀、截止阀应安装在充气连接管上。

4）气源设备的安装应符合设计要求和国家现行有关标准的规定。

5）安全排气阀应安装在气源与报警阀之间，且应靠近报警阀。

6）加速器应安装在靠近报警阀的位置，且应有防止水进入加速器的措施。

7）低气压预报警装置应安装在配水干管一侧。

8）下列部位应安装压力表：①报警阀充水一侧和充气一侧；②空气压缩机的气泵和储气罐上；③加速器上。

9）管网充气压力应符合设计要求。

（5）雨淋阀组的安装应符合下列要求：

1）雨淋阀组可采用电动开启、传动管开启或手动开启，开启控制装置的安装应安全可靠。水传动管的安装应符合湿式系统有关要求。

2）预作用系统雨淋阀组后的管道若需充气，其安装应按干式报警阀组有关要求进行。

3）雨淋阀组的观测仪表和操作阀门的安装位置应符合设计要求，并应便于观测和操作。

4）雨淋阀组手动开启装置安装位置应符合设计要求，且在发生火灾时应能安全开启和便于操作。

5）压力表应安装在雨淋阀的水源一侧。

问 115 自动喷水灭火系统其他组件安装要求有哪些?

1. 主控项目

（1）水流指示器的安装应符合下列要求：

1）水流指示器的安装应在管道试压和冲洗合格后进行，水流指示器的规格、型号应符合设计要求。

2）水流指示器应使电器元件部位竖直安装在水平管道上侧，其动作方向应和水流方向一致；安装后的水流指示器桨片、膜片应动作灵活，不应与管壁发生碰擦。

（2）控制阀的规格、型号和安装位置均应符合设计要求；安装方向应正确，控制阀内应清洁、无堵塞、无渗漏；主要控制阀应加设启闭标志；隐蔽处的控制阀应在明显处设有指示其位置的标志。

（3）压力开关应竖直安装在通往水力警铃的管道上，且不应在安装中拆装改动。管网上的压力控制装置的安装应符合设计要求。

（4）水力警铃应安装在公共通道或值班室附近的外墙上，且应安装检修、测试用的阀门。水力警铃和报警阀的连接应采用热镀锌钢管,当镀锌钢管的公称直径为 20mm 时,其长度不宜大于 20m;安装后的水力警铃启动时,警铃声强度应不小于 70dB。

(5)末端试水装置和试水阀的安装位置应便于检查、试验,并应有相应排水能力的排水设施。

2. 一般项目

(1)信号阀应安装在水流指示器前的管道上,与水流指示器之间的距离不宜小于 300mm。

(2)排气阀的安装应在系统管网试压和冲洗合格后进行;排气阀应安装在配水干管顶部、配水管的末端,且应确保无渗漏。

(3)节流管和减压孔板的安装应符合设计要求。

(4)压力开关、信号阀、水流指示器的引出线应用防水套管锁定。

(5)减压阀的安装应符合下列要求:

1)减压阀安装应在供水管网试压、冲洗合格后进行。

2)减压阀安装前应检查:其规格型号应与设计相符;阀外控制管路及导向阀各连接件不应有松动;外观应无机械损伤,并应清除阀内异物。

3)减压阀水流方向应与供水管网水流方向一致。

4)应在进水侧安装过滤器,并宜在其前后安装控制阀。

5)可调式减压阀宜水平安装,阀盖应向上。

6)比例式减压阀宜垂直安装;当水平安装时,单呼吸孔减压阀其孔口应向下,双呼吸孔减压阀其孔口应呈水平位置。

7)安装自身不带压力表的减压阀时,应在其前后相邻部位安装压力表。

(6)多功能水泵控制阀的安装应符合下列要求:

1)安装应在供水管网试压、冲洗合格后进行。

2)安装前应检查:其规格型号应与设计相符;主阀各部件应完好;紧固件应齐全,无松动;各连接管路应完好,接头紧固;外观应无机械损伤，并应清除阀内异物。

3）水流方向应与供水管网水流方向一致。

4）出口安装其他控制阀时应保持一定间距，以便于维修和管理。

5）宜水平安装，且阀盖向上。

6）安装自身不带压力表的多功能水泵控制阀时，应在其前后相邻部位安装压力表。

7）进口端不宜安装柔性接头。

（7）倒流防止器的安装应符合下列要求：

1）应在管道冲洗合格以后进行。

2）不应在倒流防止器的进口前安装过滤器或者使用带过滤器的倒流防止器。

3）宜安装在水平位置，当竖直安装时，排水口应配备专用弯头。倒流防止器宜安装在便于调试和维护的位置。

4）倒流防止器两端应分别安装闸阀，而且至少有一端应安装挠性接头。

5）倒流防止器上的泄水阀不宜反向安装，泄水阀应采取间接排水方式，其排水管不应直接与排水管（沟）连接。

6）安装完毕后首次启动使用时，应关闭出水闸阀，缓慢打开进水闸阀。待阀腔充满水后，缓慢打开出水闸阀。

问 116　自动喷水灭火系统应如何控制？

1. 一般规定

（1）湿式系统、干式系统的喷头动作后，应由压力开关直接连锁自动启动供水泵。预作用系统、雨淋系统和自动控制的水幕系统，应在火灾报警系统报警后，立即自动向配水管道供水。

（2）预作用系统、雨淋系统和自动控制的水幕系统，应同时具备下列三种启动供水泵和开启雨淋阀的控制方式：①自动控制；

②消防控制室（盘）手动远控；③水泵房现场应急操作。

（3）雨淋阀的自动控制方式，可采用电动、液（水）动或气动。

当雨淋阀采用充液（水）传动管自动控制时，闭式喷头与雨淋阀之间的高程差，应根据雨淋阀的性能确定。

（4）快速排气阀入口前的电动阀，应在启动供水泵的同时开启。

（5）消防控制室（盘）应能显示水流指示器、压力开关、信号阀、水泵、消防水池及水箱水位、有压气体管道气压，以及电源和备用动力等是否处于正常状态的反馈信号，并应能控制水泵、电磁阀、电动阀等的操作。

2. 自动喷水灭火系统的电气控制

采用两台水泵的湿式喷水灭火系统的电气控制线路如图 3-11 所示。图中 B1、B2、B3 为各区流水指示器，如果分区很多可以有多个流水指示器及多个继电器与之配合。

电路工作过程如下。某层发生火灾并在温度达到一定值时，该层所有喷头自动爆裂并喷出水流。平时将开关 QS1、QS2、QS3 合上，转换开关 SA 至左位（1 自、2 备）。当发生火灾喷头喷水时，由于喷水后压力降低，压力开关 Bn 动作（同时管道里有消防水流动时，水流指示器触头闭合），因而中间继电器 KA（n+1）通电，时间继电器 KT2 通电，经延时其常开触点闭合，中间继电器 KA 通电，使接触器 KM1 闭合，1 号消防加压水泵电动机 M1 启动运转（同时警铃响、信号灯亮），向管网补充压力水。

当 1 号泵发生故障时，2 号泵自动投入运进。若 KM1 机械卡住不动，由于 KT1 通电，经延时后，备用中间继电器 KA1 线圈通电动作，使接触器 KM2 线圈通电，2 号消防水泵电动机 M2 启动运转，向管网补充压力水。如将开关 SA 拨向手动位置，也可按下 SB2 或 SB4 使 KM1 或 KM2 通电，使 1 号泵和 2 号泵电动机启动

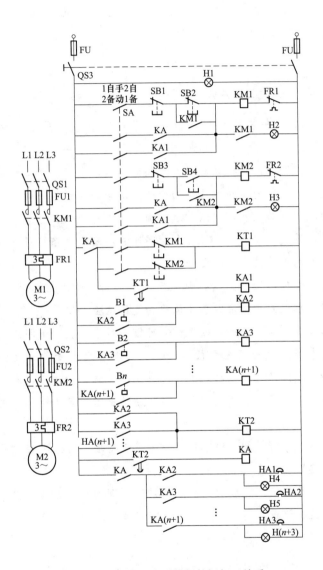

图 3-11　湿式灭火系统部件间相互关系

运转。

　　除此之外，水幕阻火对阻止火势扩大与蔓延有较好的效果，因此在高层建筑中，超过 800 个座位的剧院、礼堂的舞台口和设有防火卷帘、防火幕的部位，均宜设水幕设备。其电气控制电路与自动喷水系统相似。

问 117 **自动喷水灭火系统试压与冲洗有哪些一般要求？**

（1）管网安装完毕后，必须对其进行强度、严密性试验和冲洗。

强度试验实际是对系统管网的整体结构，全部的接口、承载管架等进行的一种超负荷考验。而严密性试验则是对系统管网渗漏程度的检测。实践表明，这两种试验都是必不可少的，也是评定其工程质量及系统功能的重要依据。管网冲洗，是避免系统投入使用后发生堵塞的重要技术措施之一。

（2）强度试验和严密性试验宜用水进行，干式喷水灭火系统、预作用喷水灭火系统应做水压试验和气压试验。

水压试验简单易行，效果稳定可信。对于干式、干湿式及预作用系统来讲，投入实施运行后，既要可以长期承受带压气体的作用，火灾期间又要可以转换成临时高压水系统。由于水与空气或氮气的特性差异甚大，因此只作一种介质的试验，是不能代表另一种试验的结果的。

在冰冻季节期间，对水压试验需慎重处理，防止水在管网内结冰而引起爆管。

（3）系统试压完成后，应及时拆除所有临时盲板及试验用的管道，并应与记录核对无误，且应填写记录。

（4）管网冲洗应在试压合格后分段进行。冲洗顺序应先室外，后室内；先地下，后地上；室内部分的冲洗应按配水干管、配水管、配水支管的顺序进行。

（5）系统试压前应具备下列条件。

1）埋地管道的位置及管道基础、支墩等经复查应符合设计要求。

2）试压用的压力表不应少于2只；精度不应低于1.5级，量程应为试验压力值的1.5~2倍。

3）试压冲洗方案已经批准。

4）对不能参与试压的设备、仪表、阀门及附件应加以隔离或拆除，加设的临时盲板应具有突出于法兰的边耳，且应做明显标志，并记录临时盲板的数量。

（6）系统试压过程中，当出现泄漏时，应停止试压，并应放空管网中的试验介质，消除缺陷后重新再试。

（7）管网冲洗宜用水进行。冲洗前，应对系统的仪表采取保护措施。

（8）冲洗前，应对管道支架、吊架进行检查，必要时应采取加固措施。

（9）对不能经受冲洗的设备和冲洗后可能存留脏物、杂物的管段，应进行清理。

（10）冲洗管道直径大于100m的管道时，应对其死角和底部进行敲打，但不得损伤管道。

（11）管网冲洗合格后，应填写记录。

（12）水压试验和水冲洗宜采用生活用水进行，不得使用海水或含有腐蚀性化学物质的水。

问 118　自动喷水灭火系统应如何试压与冲洗？

1. 水压试验

（1）当系统设计工作压力等于或小于1.0MPa时，水压强度试验压力应为设计工作压力的1.5倍，并不应低于1.4MPa，当系统设计工作压力大于1.0MPa时，水压强度试验压力应为该工作压力加0.4MPa。

（2）水压强度试验的测试点应设在系统管网的最低点。对管网注水时，应将管网内的空气排净，并应缓慢升压，达到试验压力后稳压 30min，管网应无泄漏、无变形，且压力降不应大于 0.05MPa。

（3）水压严密性试验应在水压强度试验和管网冲洗合格后进行。试验压力应为设计工作压力，稳压 24h，应无泄漏。

（4）水压试验时环境温度不宜低于 5℃；当低于 5℃时，水压试验应采取防冻措施。

（5）自动喷水灭火系统的水源干管、进户管和室内埋地管道，应在回填前单独或与系统一起进行水压强度试验和水压严密性试验。

2. 气压试验

（1）气压严密性试验的试验压力应为 0.28MPa，稳压 24h，压力降不应大于 0.01MPa。

（2）气压试验的介质宜采用空气或氮气。以空气或氮气做试验介质，既经济方便，又安全可靠，且不会产生不良后果。实际施工现场大多数采用压缩空气做试验介质。因氮气价格便宜，对金属管道内壁可起到保护作用，所以对湿度较大的地区来说，采用氮气做试验介质，也是避免管道内壁锈蚀的有效措施。

3. 冲洗

（1）管网冲洗的水流流速、流量不应小于系统设计的水流流速、流量；管网冲洗宜分区、分段进行；水平管网冲洗时，其排水管位置应低于配水支管。

（2）管网冲洗的水流方向应与灭火时管网的水流方向一致。

（3）管网冲洗应连续进行。当出口处水的颜色、透明度与入口处水的颜色、透明度基本一致时，冲洗方可结束。

（4）管网冲洗宜设临时专用排水管道，其排放应畅通和安全。排水管道的截面面积不得小于被冲洗管道截面面积的 60%。

（5）管网的地上管道与地下管道连接前，应在配水于管底部加设堵头后，对地下管道进行冲洗。

如果系统的地下管网没有经过彻底冲洗，便与地上管网连通，系统一旦投入使用，就会将残留在地下管网中的杂物流到地上管网内，最终造成管网、喷头受堵，影响系统的灭火效果。

（6）管网冲洗结束后，应将管网内的水排除干净，必要时可采用压缩空气吹干。

第三节 气体灭火系统

问 119 二氧化碳灭火系统位置应如何设置？

二氧化碳灭火系统各器件位置的设置见表3-16。

表 3-16 二氧化碳灭火系统各器件位置的设置

安装部件	位 置
容器组设置	（1）容器及其阀门、操作装置等，最好设置在被保护区域以外的专用站（室）内，站（室）内应尽量靠近被保护区，人员要易于接近；平时应关闭，不允许无关人员进入。 （2）容器储存地点的温度规定在40℃以下，0℃以上。 （3）容器不能受日光直接照射。 （4）容器应设在振动、冲击、腐蚀等影响少的地点。在容器周围不得有无关的物件，以免妨碍设备的检查，维修和平稳可靠地操作。 （5）容器储存的地点应安装足够亮度的照明装置。 （6）储瓶间内储存容器可单排布置或双排布置，其操作面距离或相对操作面之间的距离不宜小于1.0m。 （7）储存容器必须固定牢固，固定件及框架应作防腐处理。 （8）储瓶间设备的全部手动操作点，应有表明对应防护区名称的耐久标志

续表

安装部件	位 置
喷嘴	（1）全淹没系统。 1）喷嘴的位置应使喷出的灭火剂在保护区域内迅速而均匀地扩散。通常应安装在靠近顶棚的地方。 2）当房高超过 5m 时，应在房高大约 1/3 的平面上装设附加喷嘴。当房高超过 10m 时，应在房高 1/3 和 2/3 的平面上安装附加喷嘴。 （2）局部应用系统。 1）喷嘴的数量和位置，以使保护对象的所有表面均在喷嘴的有效射程内为准。 2）喷嘴的喷射方向应对准被保护物。 3）不要设在喷射灭火剂时会使可燃物飞溅的位置
探测器	由报警器引向探测器的电线，应尽量与电力电缆分开敷设，并应尽量避开可能受电信号干扰的区域或设备
报警器	（1）声响报警装置一般设在有人值班、尽量远离容易发生火灾的地方，其报警器应设在保护区域内或离保护对象 25m 以内、工作人员都能听到警报的地点。 （2）安装报警器的数量，如需要监控的地点不多，则一台报警器即可。如需要监控的地方较多，就需要总报警器和区域报警器联合使用。 （3）全淹没系统报警装置的电器设备，应设置在发生火灾时无燃烧危险，且易维修和不易受损坏的地点
启动、操纵装置	（1）启动容器应安装在灭火剂钢瓶组附近安全地点，环境温度应在 40℃ 以下。 （2）报警接收显示盘、灭火控制盘等均应安装在值班室内的同一操纵箱内。 （3）启动器和电气操纵箱安装高度一般为 0.8~1.5m

问 120 **二氧化碳灭火系统有哪些一般安装要求？**

二氧化碳灭火系统的一般安装要求如下：

（1）容器组、阀门、配管系统、喷嘴等安装都应牢固可靠（移动式除外）。

（2）管道敷设时，还应考虑到灭火剂流动过程中因温度变化所引起的管道长度变化。

（3）管道安装前，应进行内部防锈处理；安装后，未装喷嘴前，应用压缩空气吹扫内部。

（4）各种灭火管路应有明确标记，并须核对无误。

（5）从灭火剂容器到喷嘴之间设有选择阀或截止阀的管道，应在容器与选择阀之间安装安全装置。

（6）灭火系统的使用说明牌或示意图表应设置在控制装置的专用站（室）内明显的位置上。其内容应有灭火系统操作方法和有关路线走向及灭火剂排放后再灌装方法等简明资料。

（7）容器瓶头阀到喷嘴的全部配管连接部分均不得松动或漏气。

问 121　七氟丙烷灭火系统安装施工前有哪些准备？

（1）施工前应具备下列技术资料。

1）施工设计图、设计说明书、系统及主要组件的使用维护说明书和安装手册。

2）系统组件的出厂合格证（或质量保证书）、国家消防产品质量检验机构出具的型式检验报告、管道及配件的出厂检验报告与合格证、进口产品的原产地证书。

（2）施工应具备下列条件。

1）防护区和储存间设置条件与设计相符。

2）系统组件与主要材料齐全，且品种、型号、规格符合设计要求。

3）系统所需的预埋件和预留孔洞符合设计要求。

（3）施工前应进行系统组件检查。

1) 外观检查应符合下列规定：①无碰撞变形及机械性损伤；②表面涂层完好；③外露接口设有防护装置且封闭良好，接口螺纹和法兰密封面无损伤；④铭牌清晰；⑤同一集流管的灭火剂储存容器规格应一致。

2) 灭火剂的实际储存压力不应低于相应温度下储存压力的10%，且不应超过5%。

3) 系统安装前应对驱动装置进行检查，并符合规定：①电磁驱动装置的电源、电压应符合设计要求；电磁驱动装置应满足系统启动要求，且动作灵活无卡阻；②气动驱动装置或储存容器的气体压力和气量应符合设计要求，单向阀阀芯应启闭灵活无卡阻。

问 122　七氟丙烷灭火系统安装有哪些要求？

（1）施工应按设计施工图纸和相应的技术文件进行。当需要进行修改时，应经原设计单位同意。

（2）施工应按规定的内容做好施工记录。防护区的隐蔽工程做好隐藏工程记录。

（3）灭火剂储存容器的安装应符合下列规定：

1) 储存容器上的压力指示器应朝向操作面，安装高度和方向应一致。

2) 储存容器正面应有灭火剂名称标志和储存容器编号，进口产品应设中文标识。

（4）气体启动管网的安装应符合下列规定。

1) 启动管网位置从释放装置的气体出口到各储存容器的距离，应满足系统生产厂商产品的技术要求。

2) 用螺纹连接的管件，宜采用扩口式管件连接或密封带、密封胶密封，但螺纹的前二牙不应有密封材料，以免堵塞管道。

3) 启动管网应固定牢靠，必要时应设固定支架和防晃支架。

（5）集流管的安装应符合下列规定。

1）集流管的安装高度应根据储存容器的高度确定，并应用支架牢固固定。

2）集流管的两端宜装螺纹管帽或法兰盖作集污器。

（6）灭火剂输送管道安装应符合下列规定：

1）管道穿过墙壁、楼板处应安装套管。穿墙套管的长度应和墙厚相等，穿过楼板的套管应高出楼面 50mm。管道与套管间的空隙应用柔性不燃烧材料填实。

2）所有管道的末端应安装一个长度为 50mm 的螺纹管帽作集污器。

3）管道末端及喷嘴处应采用支架固定，支架与喷嘴间的管道长度不应大于 300mm，且不应阻挡喷嘴喷放。

4）管道变径可采用异径套筒、异径管、异径三通或异径弯头。

5）管道安装前管口应倒角，管道应清理和吹净。

6）用螺纹连接的管件，应符合本问（4）第 1）条的规定。

（7）选择阀的安装应符合下列规定：

1）选择阀应有强度试验报告。

2）选择阀操作手柄应安装在操作面一侧，当安装高度超过 1.7m 时应采取便于手动操作的措施。

3）采用螺纹连接的选择阀，其与管道连接处宜采用活接头。

（8）驱动装置的安装应符合下列规定：

1）电磁驱动装置的电气连接线应沿储存容器的支架、框架或墙面固定。

2）拉索式手动驱动装置应固定牢靠，动作灵活，在行程范围内不应有障碍物。

（9）灭火剂输送管道安装完毕后应进行水压强度试验和气压严密性试验，并应符合下列要求：

1）水压强度试验的试验压力，应为储存压力的 1.5 倍，稳压

5min，检查管道各连接处应无明显滴漏，目测管道无明显变形。

2）气压严密性试验压力等于储存压力，试验时应逐步缓慢增加压力，当压力升至试验压力的50％时，如未发现异状或泄漏，继续按试验压力的10％逐级升压，每级稳压3min，直至试验压力。稳压5min后，以涂刷肥皂水方法检查无气泡产生为合格。

3）不宜进行水压强度试验的防护区，可用气压强度试验代替，但必须有设计单位和建设单位同意并应采取有效的安全措施后，方可采用压缩空气或氮气做气压强度试验。试验压力应为储存压力的1.2倍。进行气压强度试验时，应采用空气做预试验，试验压力宜为0.2MPa；然后逐步缓慢增加压力，当压力升至试验压力的50％时，如未发现异状或泄漏，继续按试验压力的10％逐级升压，每级稳压3min，直至试验压力。稳压5min后，再将压力降至管道的工作压力，目测管道无明显变形，以发泡剂检查不泄漏为合格。

（10）水压强度试验后或气压严密性试验前管道要进行吹扫，并应符合以下要求：

1）吹扫管道可采用压缩空气或氮气。

2）吹扫完毕，采用白布检查，直至无铁锈、尘土、水渍及其他杂物出现。

（11）灭火剂输送管道的外表面应涂红色油漆。在吊顶内、活动地板下等隐蔽场所内的管道，可涂红色油漆色环。每个防护区的色环宽度、间距应一致。

（12）喷嘴的安装。

1）喷嘴安装前应与施工设计图纸上标明的型号规格和喷孔方向逐个核对，并应符合设计要求。

2）安装在吊顶下的喷嘴，其连接螺纹不应露出吊顶。喷嘴挡流罩应紧贴吊顶安装。

（13）施工完毕，防护区中的管道穿越孔洞应用不燃材料封堵。

问 123 七氟丙烷灭火系统施工安全有哪些要求?

（1）防护区内的灭火浓度应校核设计最高环境温度下的最大灭火浓度，并应符合以下规定。

1）对于经常有人工作的防护区，防护区内最大浓度不应超过表 3-17 中的无毒性反应（NOAEL）值。

2）对于经常无人工作的防护区，或平时虽有人工作但能保证在系统报警后 30s 延时结束前撤离的防护区，防护区内灭火剂最大浓度不宜超过表 3-17 中的有毒性反应（LOAEL）值。

表 3-17　　　　　七氟丙烷的生理毒性指标（体积分数）　　　　（%）

灭火剂名称	NOAEL	LOAEL
七氟丙烷	9	10.5

（2）防护区内应设安全通道和出口以保证现场人员在 30s 内撤离防护区。

（3）防护区内的疏散通道与出口应设置应急照明装置和灯光疏散指示标志。

（4）防护区的门应向疏散方向开启并能自动关闭，疏散出口的门在任何情况下均应能从防护区内打开。

（5）防护区应设置通风换气设施，可采用开启外窗自然通风、机械排风装置的方法，排风口应直通室外。

（6）系统组件与带电设备应保持不小于表 3-18 中最小安全间距。

（7）当系统管道设置在有可燃气体、蒸汽或有爆炸危险场所时应设防静电接地。

（8）防护区内外应设置提示防护区内采用七氟丙烷灭火系统保护的警告标志。

表 3-18   系统零部件和灭火剂输送管道与带电设备之间的
最小安全间距

带电设备额定电压（kV）	最小安全间距（m）	
	与未屏蔽带电导体	与未接地绝缘支撑体
10	2.60	2.5
35	2.90	
110	3.35	
220	4.30	

注   绝缘体包括所有形式的绝缘支架和悬挂的绝缘体、绝缘套管、电缆密封端等。

问 124   七氟丙烷灭火系统操作与控制有哪些要求？

（1）管网灭火系统应同时具有自动控制、手动控制和机械应急操作三种启动方式。在防护区内设置的预制灭火装置应有自动控制和手动控制两种启动方式。

（2）自动控制应具有自动探测火灾和自动启动系统的功能。

（3）灭火系统的自动控制应在收到防护区内两个独立的火灾报警信号后才能启动。自动控制启动时可以设置最长为 30s 的延时，以使防护区内人员撤离和关闭通风管道中的防火阀。

（4）在有架空地板和吊顶的防护区域，若架空地板和吊顶内也需要加以保护，应在其中设置火灾探测器。

（5）每一个防护区应设置一个手动/自动选择开关，选择开关上的手动和自动位置应有明显的标识。当选择开关处于手动位置时，选择开关上宜有明显的警告指示灯。

（6）防护区入口处应设置紧急停止喷放装置。紧急停止喷放装置应有防止误操作的典型。在所有的情况下，手动启动控制应优于紧急停止功能。

（7）机械应急操作装置宜设置在储存容器间内。

（8）组合分配系统的选择阀应在灭火剂释放之前或同时开启。

（9）当采用气体驱动钢瓶作为启动动力源时，应保证系统操作与控制所需的气体压力和用气量。

（10）灭火系统的驱动控制盘宜设置在经常有人的场所，并尽量靠近防护区。驱动控制盘应符合 GA 61—2010《固定灭火系统驱动、控制装置通用技术条件》。

（11）当防护区内设置的火灾探测器直接连接至驱动控制盘时，驱动控制盘应能向消防控制中心反馈防护区的火灾报警信号、灭火剂喷放信号和系统故障信号。

（12）防护区内应设置火灾声、光组合报警信号。防护区外应设置灭火剂喷放指示信号，可采用光报警信号。

（13）手动操作装置的安装高度应为中心距地 1.5m。驱动控制盘应保证正面信号显示位置距地 1.5m。声、光报警装置宜安装在防护区出入口门框的上方。

第四节　泡沫灭火系统

问 125　泡沫灭火系统消防泵应如何安装？

（1）消防泵应整体安装在基础上，在安装时，对组件不得随意拆卸，确实需要拆卸时，应当由制造厂家进行。

（2）消防泵应当以底座水平面为基准进行找平、找正。

（3）消防泵与相关管道连接时，应当以消防泵的法兰端面为基准进行测量和安装。

（4）消防泵进水管吸水口处设置滤网时，滤网架的安装应牢固；滤网应当便于清洗。

（5）当消防泵采用内燃机驱动时，内燃机冷却器的泄水管应通向排水设施。

（6）内燃机驱动的消防泵，其内燃机排气管的安装应当符合设计要求，当设计无规定时，应当采用直径相同的钢管连接后通向室外。

问 126 泡沫液储罐应如何安装?

1. 一般要求

(1) 在安装泡沫液储罐时,要考虑为日后操作、更换和维修泡沫液储罐以及罐装泡沫液提供便利条件,泡沫液储罐周围要留有满足检修需要的通道,其宽度不得小于 0.7m,且操作面不得小于 1.5m。

(2) 当泡沫液储罐上的控制阀距地面高度大于 1.8m 时,需在操作面处设置操作平台或操作凳。

2. 常压泡沫液储罐的安装

(1) 现场制作的常压钢质泡沫液储罐,考虑到比例混合器要能够从储罐内顺利吸入泡沫液,同时防止将储罐内的锈渣和沉淀物吸入管内堵塞管道,泡沫液管道出液口不得高于泡沫液储罐最低液面 1m,泡沫液管道吸液口距泡沫液储罐底面不小于 0.15m,且最好做成喇叭口形。

(2) 现场制作的常压钢质泡沫液储罐需进行严密性试验,试验压力为储罐装满水后的静压力,试验时间不得小于 30min,目测不得有渗漏。

(3) 现场制作的常压钢质泡沫液储罐内、外表面需要按照设计要求进行防腐处理,防腐处理要在严密性试验合格后进行。

(4) 常压泡沫液储罐的安装方式要符合设计要求,在设计无要求时,要根据其形状按立式或卧式安装在支架或支座上,支架要与基础固定,在安装时不得损坏其储罐上的配管和附件。

(5) 常压钢质泡沫液储罐罐体与支座接触部位的防腐要符合设计的要求,当设计无规定时,要按照加强防腐层的做法施工。

3. 泡沫液压力储罐的安装

(1) 泡沫液压力储罐上设有槽钢或角钢焊接的固定支架,在安装时，采用地脚螺栓将支架与地面上混凝土浇筑的基础牢固固定；泡沫液压力储罐是制造厂家的定型设备，其上设有安全阀、进料孔、排气孔、排渣孔、人孔及取样孔等附件，出厂时都已安装好，并进行了试验。所以在安装时不得随意拆卸或损坏，尤其是安全阀更不能随便拆动，安装时出口不得朝向操作面，否则影响安全使用。

（2）对于设置在露天的泡沫液压力储罐，需根据环境条件采取防晒、防冻和防腐等措施。当环境温度低于0℃时，需采取防冻设施；当环境温度高于40℃时，需有降温措施；当安装在有腐蚀性的地区，如海边等，还需采取防腐措施。由于温度过低，会妨碍泡沫液的流动，温度过高各种泡沫液的发泡倍数均下降，析液时间短，灭火性能降低。

问 127　泡沫比例混合器（装置）应如何安装？

1. 一般要求

（1）在安装时，要使泡沫比例混合器（装置）的标注方向与液流方向一致。各种泡沫比例混合器（装置）都有安装方向，在其上有标注，所以安装时不得装反，否则吸不进泡沫液或泵打不进去泡沫液，使系统不能灭火。因此在安装时要特别注意标注方向与液流方向必须一致。

（2）泡沫比例混合器（装置）与管道连接处的安装要确保严密，不得有渗漏，否则，影响混合比例。

2. 环泵式比例混合器的安装

（1）各部位连接顺序：环泵式比例混合器的进口要与水泵的出口管段连接，环泵式比例混合器的出口要与水泵的进口管段连接；环泵式比例混合器的进泡沫液口要与泡沫液储罐上的出液口管段连接。

（2）环泵式比例混合器安装标高的允许偏差为±10mm。

（3）为了使环泵式比例混合器出现堵塞或腐蚀损坏时，备用的环泵式比例混合器能够立即投入使用，备用的环泵式比例混合器需要并联安装于系统上，并要有明显的标志。

3. 压力式比例混合装置的安装

（1）压力式比例混合装置的压力储罐和比例混合器出厂前已经安装固定在一起，所以压力式比例混合装置要整体安装。从外观上看，压力式比例混合器包括横式和立式两种。从结构上来分，压力式比例混合装置又可以分为无囊式压力比例混合装置和囊式压力比例混合装置两种。

（2）压力式比例混合装置的压力储罐进水管有 0.6～1.2MPa 的压力，且通过压力式比例混合装置的流量也较大，具有一定的冲击力，因此安装时压力式比例混合装置要与基础固定牢固。

4. 平衡式比例混合装置的安装

（1）整体平衡式比例混合装置是由平衡压力流量控制阀和比例混合器两大部分装在一起，产品在出厂前已进行了强度试验和混合比的标定，因此安装时需要整体竖直安装在压力水的水平管道上，并在水和泡沫液进口的水平管道上要分别安装压力表，为了便于观察及准确测量压力值，压力表与平衡式比例混合装置的进口处的距离不大于 0.3m。

（2）分体平衡式比例混合装置的平衡压力流量控制阀和比例混合器是分开设置的，流量调节范围相对要大一些，其平衡压力流量控制阀要竖直安装。

（3）水力驱动平衡式比例混合装置的泡沫液泵要水平安装，安装尺寸和管道的连接方式需符合设计要求。平衡式泡沫比例混合装置由泡沫液泵、泡沫比例混合器、平衡压力流量控制阀以及管道等组成。平衡式比例混合装置的比例混合精度较高，适用的泡沫混合液流量范围比较大，泡沫液储罐为常压储罐。

5. 管线式比例混合器的安装

（1）管线式比例混合器与环泵比例混合器的工作原理相同，均为利用文丘里管的原理在混合腔内形成负压，在大气压力作用下将容器内的泡沫液吸到腔内与水混合。不同的是管线式比例混合器直接安装在主管线上。管线式比例混合器的工作压力一般在 $0.7\sim 1.3MPa$ 范围内，压力损失在进口压力的 $1/3$ 以上，混合比精度通常较差。为此其主要用于移动式泡沫系统，且许多是与泡沫炮、泡沫枪、泡沫发生器装配一体使用的，在固定式泡沫灭火系统中很少使用。

（2）为了减少压力损失，管线式泡沫比例混合器的安装位置要靠近储罐或防护区。

（3）为了保证管线式泡沫比例混合器能够顺利吸入泡沫液，使混合比维持在正常范围内，比例混合器的吸液口与泡沫液储罐或泡沫液桶最低液面的高度差不得大于 $1.0m$。

问 128　泡沫灭火系统管网及管道应如何安装？

1. 一般要求

（1）水平管道安装时，其坡度坡向应当符合设计要求，且坡度不应小于设计值，当出现 U 形管时应当有放空措施。

（2）立管应用管卡固定在支架上，其间距不应大于设计值。

（3）埋地管道安装应当符合下列规定。

1）埋地管道的基础应当符合设计要求。

2）埋地管道安装前应当做好防腐，在安装时不应损坏防腐层。

3）埋地管道采用焊接时，焊缝部位应当在试压合格后进行防腐处理。

4）埋地管道在回填前应当进行隐蔽工程验收，合格后及时回填，分层夯实，并进行记录。

（4）管道安装的允许偏差应符合表 3-19 的要求。

（5）管道支、吊架安装应当平整牢固，管墩的砌筑应规整，其间距应当符合设计要求。

表 3-19   管道安装的允许偏差

项 目			允许偏差（mm）
坐标	地上、架空及地沟	室外	25
		室内	15
	泡沫喷淋	室外	15
		室内	10
	埋地		60
标高	地上、架空及地沟	室外	±20
		室内	±15
	泡沫喷淋	室外	±15
		室内	±10
	埋地		±25
水平管道平直度	DN≤100		2L‰，最大 50
	DN>100		3L‰，最大 80
立管垂直度			5L‰，最大 30
与其他管道成排布置间距			15
与其他管道交叉时外壁或绝热层间距			20

注　L—管段有效长度；DN—管的公称直径。

（6）当管道穿过防火堤、防火墙、楼板时，应当安装套管。穿防火堤和防火墙套管的长度不应小于防火堤和防火墙的厚度，穿楼板套管长度应高出楼板 50mm，底部应当与楼板底面相平；管道与套管间的空隙应当采用防火材料封堵，管道穿过建筑物的变形缝时，应当采取保护措施。

（7）管道安装完毕应进行水压试验，并应当符合下列规定。

1）试验应当采用清水进行，在试验时，环境温度不应低于 5℃；当环境温度低于 5℃时，应当采取防冻措施。

2）试验压力应为设计压力的 1.5 倍。

3）试验前应当将泡沫产生装置、泡沫比例混合器（装置）隔离。

116

4）试验合格后，应当进行记录。

（8）管道试压合格后，应当用清水冲洗，冲洗合格后，不得再进行影响管内清洁的其他施工，并应进行记录。

（9）地上管道应在试压、冲洗合格后进行涂漆防腐。

2. 泡沫混合液管道的安装

（1）当储罐上的泡沫混合液立管与防火堤内地上水平管道或埋地管道用金属软管连接时，不得损坏其编织网，并应在金属软管与地上水平管道的连接处设置管道支架或管墩，如图 3-12 所示。

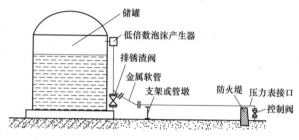

图 3-12　支架或管墩安装示意图

（2）储罐上泡沫混合液立管下端设置的锈渣清扫口与储罐基础或地面的距离宜为 0.3～0.5m；锈渣清扫口可采用闸阀或盲板封堵；当采用闸阀时，应竖直安装。

（3）当外浮顶储罐的泡沫喷射口设置在浮顶上，且泡沫混合液管道采用的耐压软管从储罐内通过时，耐压软管安装后的运动轨迹不得与浮顶的支撑结构相碰，且与储罐底部伴热管的距离应大于 0.5m。

（4）外浮顶储罐梯子平台上设置的带闷盖的管牙接口，应靠近平台栏杆安装，并宜高出平台 1.0m，其接口应当朝向储罐；引至防火堤外设置的相应管牙接口，应面向道路或朝下。

（5）连接泡沫产生装置的泡沫混合液管道上设置的压力表接口宜靠近防火堤外侧，并应竖直安装。

（6）泡沫产生装置入口处的管道应用管卡固定在支架上，其出口管道在储罐上的开口位置和尺寸应当符合设计及产品要求。

（7）泡沫混合液主管道上留出的流量检测仪器安装位置应符合设计要求。

（8）泡沫混合液管道上试验检测口的设置位置和数量应符合设计要求。

3. 液下喷射和半液下喷射泡沫管道的安装

液下喷射和半液下喷射泡沫管道的安装除应当符合本问第 1 条的规定外，尚应符合下述规定：

（1）液下喷射泡沫喷射管的长度和泡沫喷射口的安装高度，应符合设计要求。当液下喷射 1 个喷射口设在储罐中心时，其泡沫喷射管应固定在支架上；当液下喷射和半液下喷射设有 2 个及以上喷射口，并沿罐周均匀设置时，其间距偏差不宜大于 100mm。

（2）半固定式系统的泡沫管道，在防火堤外设置的高背压泡沫产生器快装接口应水平安装。

（3）液下喷射泡沫管道上的防油品渗漏设施宜安装在止回阀出口或泡沫喷射口处；半液下喷射泡沫管道上防油品渗漏的密封膜应安装在泡沫喷射装置的出口；安装应按设计要求进行，且不应损坏密封膜。

4. 泡沫液管道的安装

泡沫液管道的安装除应当符合本问第 1 条的规定外，其冲洗及放空管道的设置尚应符合设计要求，当设计无要求时，应设置在泡沫液管道的最低处。

5. 泡沫喷淋管道的安装

泡沫喷淋管道的安装除应符合本问第 1 条的规定外，尚应符合下列规定：

（1）泡沫喷淋管道支、吊架与泡沫喷头之间的距离不应小于 0.3m，与末端泡沫喷头之间的距离不宜大于 0.5m。

（2）泡沫喷淋分支管上每一直管段、相邻两泡沫喷头之间的管段设置的支、吊架均不宜少于 1 个，且支、吊架的间距不宜大于 3.6m；当泡沫喷头的设置高度大于 10m 时，支、吊架的间距不宜大于 3.2m。

问 129　泡沫灭火系统阀门应如何安装?

（1）泡沫混合液管道采用的阀门有手动、电动、气动及液动阀门，后三种多用在大口径管道，或遥控和自动控制上，它们各自均有标准，泡沫混合液管道采用的阀门需要按相关标准进行安装，阀门要有明显的启闭标志。泡沫混合液管道采用的阀门有手动、电动、气动和液动阀门，后 3 种多用在大口径管道，或遥控和自动控制上，它们各自均有标准，泡沫混合液管道采用的阀门需要按照相关标准进行安装，阀门要有明显的启闭标志。

（2）具有遥控、自动控制功能的阀门安装，应符合设计要求；当设置在有爆炸和火灾危险的环境时，应按相关标准安装。

（3）液下喷射和半液下喷射泡沫灭火系统泡沫管道进储罐处设置的钢质明杆闸阀和止回阀应水平安装，其止回阀上标注的方向应与泡沫的流动方向一致。

（4）高倍数泡沫产生器进口端泡沫混合液管道上设置的压力表、管道过滤器、控制阀宜安装在水平支管上。

（5）泡沫混合液管道上设置的自动排气阀应在系统试压、冲洗合格后进行立式安装。

（6）连接泡沫产生装置的泡沫混合液管道上控制阀的安装应符合下列规定。

1）控制阀应安装在防火堤外压力表接口的外侧，并应有明显的启闭标志。

2）泡沫混合液管道设置在地上时，控制阀的安装高度宜为 1.1～1.5m。

3）当环境温度为0℃及以下的地区采用铸铁控制阀时，若管道设置在地上，铸铁控制阀应安装在立管上；如果管道埋地或地沟内设置，铸铁控制阀应安装在阀门井内或地沟内，并应采取防冻措施。

（7）当储罐区固定式泡沫灭火系统同时又具备半固定系统功能时，应在防火堤外泡沫混合液管道上安装带控制阀和带闷盖的管牙接口，以便于消防车或其他移动式的消防设备与储罐区固定式泡沫灭火设备相连。并应符合本问第（6）条的有关规定。

（8）泡沫混合液立管上设置的控制阀，其安装高度宜为1.1～1.5m，并应有明显的启闭标志；当控制阀的安装高度大于1.5m时，应设置操作平台或操作凳。

（9）消防泵的出液管上设置的带控制阀的回流管，应符合设计要求，控制阀的安装高度距地面宜为0.6～1.2m。

（10）管道上的放空阀应安装在最低处。

问 130 泡沫消火栓应如何安装？

（1）泡沫混合液管道上设置泡沫消火栓的规格、数量、型号、位置、安装方式、间距应符合设计要求。

（2）地上式泡沫消火栓应垂直安装，地下式泡沫消火栓应安装在消火栓井内泡沫混合液管道上。

（3）地上式泡沫消火栓的大口径出液口应朝向消防车道。

（4）地下式泡沫消火栓应有永久性明显标志，其顶部与井盖底面的距离不得大于0.4m，且不小于井盖半径。

（5）室内泡沫消火栓的栓口方向宜向下或与设置泡沫消火栓的墙面成90°，栓口离地面或操作基面的高度宜为1.1m，允许偏差为±20mm，坐标的允许偏差为20mm。

（6）泡沫泵站内或站外附近泡沫混合液管道上设置的泡沫消火栓，应符合设计要求，其安装按照本条相关规定执行。

问 131　泡沫产生装置应如何安装？

（1）低倍数泡沫产生器的安装应符合下列规定。

1）液上喷射的泡沫产生器应根据产生器类型安装，并应符合设计要求。

2）水溶性液体储罐内泡沫溜槽的安装应沿罐壁内侧螺旋下降到距罐底 1.0～1.5m 处，溜槽与罐底平面夹角宜为 30°～45°；泡沫降落槽应垂直安装，其垂直度允许偏差为降落槽高度的 5‰，且不得超过 30mm，坐标允许偏差为 25mm，标高允许偏差为±20mm。

3）液下及半液下喷射的高背压泡沫产生器应水平安装在防火堤外的泡沫混合液管道上。

4）在高背压泡沫产生器进口侧设置的压力表接口应竖直安装；其出口侧设置的压力表、背压调节阀和泡沫取样口的安装尺寸应符合设计要求，环境温度为 0℃及以下的地区，背压调节阀和泡沫取样口上的控制阀应选用钢质阀门。

5）液上喷射泡沫产生器或泡沫导流罩沿罐周均匀布置时，其间距偏差不宜大于 100mm。

6）外浮顶储罐泡沫喷射口设置在浮顶上时，泡沫混合液支管应固定在支架上，泡沫喷射口 T 形管的横管应水平安装，伸入泡沫堰板后向下倾斜角度应符合设计要求。

7）外浮顶储罐泡沫喷射口设置在罐壁顶部、密封或挡雨板上方或金属挡雨板的下部时，泡沫堰板的高度及与罐壁的间距应符合设计要求。

8）泡沫堰板的最低部位设置排水孔的数量和尺寸应符合设计要求，并应沿泡沫堰板周长均布，其间距偏差不宜大于 20mm。

9）单、双盘式内浮顶储罐泡沫堰板的高度及与罐壁的间距应符合设计要求。

10）当一个储罐所需的高背压泡沫产生器并联安装时，应将其并列固定在支架上，且应符合本条第 3 点和第 4 点的相关规定。

11）半液下泡沫喷射装置应整体安装在泡沫管道进入储罐处设置的钢质明杆闸阀与止回阀之间的水平管道上，并应采用扩张器（伸缩器）或金属软管与止回阀连接，安装时不应拆卸和损坏密封膜及其附件。

（2）中倍数泡沫产生器的安装应符合设计要求，安装时不得损坏或随意拆卸附件。

（3）高倍数泡沫产生器的安装应符合下列规定。

1）高倍数泡沫产生器的安装应符合设计要求。

2）距高倍数泡沫产生器的进气端小于或等于 0.3m 处不应有遮挡物。

3）在高倍数泡沫产生器的发泡网前小于或等于 1.0m 处，不应有影响泡沫喷放的障碍物。

4）高倍数泡沫产生器应整体安装，不得拆卸，并应牢固固定。

（4）泡沫喷头的安装应符合下列规定。

1）泡沫喷头的规格、型号应符合设计要求，并应当在系统试压、冲洗合格后安装。

2）泡沫喷头的安装应牢固、规整，在安装时，不得拆卸或损坏其喷头上的附件。

3）顶部安装的泡沫喷头应安装在被保护物的上部，其坐标的允许偏差，室外安装为 15mm，室内安装为 10mm；标高的允许偏差，室外安装为 ±15mm，室内安装为 ±10mm。

4）侧向安装的泡沫喷头应安装在被保护物的侧面并应对准被保护物体，其距离允许偏差为 20mm。

5）地下安装的泡沫喷头应安装在被保护物的下方，并应在地面以下；在未喷射泡沫时，其顶部应低于地面 10～15mm，以免影响地面作业。

（5）固定式泡沫炮的安装应符合下列规定。

1）固定式泡沫炮的立管应垂直安装，炮口应朝向防护区，并不应有影响泡沫喷射的障碍物。

2）安装在炮塔或支架上的泡沫炮应牢固固定。

3）电动泡沫炮的控制设备、电源线、控制线的规格、型号及设置位置、敷设方式、接线等应符合设计要求。

第四章 火灾自动报警系统

第一节　火灾探测器

问 132　火灾探测器有哪些类型？

火灾探测器在火灾报警系统中的地位非常重要，它是整个系统中能最早发现火情的设备。其种类多、科技含量高。常用的主要参数有额定工作电压、允许压差、监视电流、报警电流、灵敏度、保护半径和工作环境等。

火灾探测器通常由敏感元件（传感器）、探测信号处理单元和判断及指示电路等组成。其可以从结构造型、火灾参数、使用环境、安装方式、动作时刻等几个方面进行分类。

1. 按结构造型分类

按照火灾探测器结构造型特点分类，可以分为线型火灾探测器和点型火灾探测器两种。

（1）线型火灾探测器。线型火灾探测器是感知某一连续线路周围的火灾产生的物理或化学现象的火灾探测器。"连续线路"可以是"硬"线路，也可以是"软"线路。所谓硬线路是由一条细长的铜管或不锈钢管做成，如差动气管式感温火灾探测器和热敏电缆感温火灾探测器等。软线路是由发送和接收的红外线光束形成的，如投射光束的感烟火灾探测器等。这种探测器当通向受光器的光路被烟遮蔽或干扰时产生报警信号。因此在光路上要时刻保持无挡光的障碍物存在。

（2）点型火灾探测器。点型火灾探测器是探测元件集中在一个特定位置上，探测该位置周围火灾情况的装置，或者说是一种响应某点周围火灾参数的装置。点型火灾探测器广泛应用于住宅、办公楼、旅馆等建筑的火灾探测器。

2. 按火灾参数分类

根据火灾探测方法和原理，火灾探测器通常可分为 5 类，即感烟式、感温式、感光式、可燃气体探测式和复合式火灾探测器。每一类型又按其工作原理分为若干种类型，见表 4-1。

表 4-1　　　　　　　　　　火灾探测器分类

序号	名称及种类			
1	感烟火灾探测器	光电感烟型	点型	散射型
				逆光型
			线型	红外光束型
				激光型
		离子感烟型	点型	
2	感温火灾探测器	点型	差温 定温 差定温	双金属型
				膜盒型
				易熔金属型
				半导体型
		线型	差温 定温	管型
				电缆型
				半导体型
3	感光火灾探测器	紫光光型	—	—
		红外光型		
4	可燃性气体火灾探测器	催化型 半导体型	—	—

（1）感烟火灾探测器。用于探测物质初期燃烧所产生的气溶胶或烟粒子浓度。可分为点型火灾探测器和线型火灾探测器两种。点型感烟火灾探测器可分为离子型感烟火灾探测器、光电型感烟火灾

探测器，民用建筑中大多数场所采用点型感烟火灾探测器。线型火灾探测器包括红外光束感烟火灾探测器和激光型感烟火灾探测器，红外光束感烟火灾探测器由发光器和接收器两部分组成，中间为光束区。当有烟雾进入光束区时，会使探测器接收的光束衰减，从而发出报警信号，主要用于无遮挡大空间或有特殊要求的场所。

（2）感温火灾探测器。感温火灾探测器对异常温度、温升速率和温差等火灾信号予以响应，可分为点型和线型两类。点型感温火灾探测器又称为定点型火灾探测器，其外形与感烟式类似，它有定温、差温和差定温式三种；按其构造又可分为机械定温、机械差温、机械差定温、电子定温、电子差温及电子差定温等。缆式线型定温火灾探测器适用于电缆隧道、电缆竖井、电缆夹层、电缆桥架、配电装置、开关设备、变压器、各种皮带输送装置、控制室和计算机室的闷顶内、地板下及重要设施的隐蔽处等。空气管式线型差温火灾探测器用于可能产生油类火灾且环境恶劣的场所，不宜安装点型火灾探测器的夹层、闷顶。

（3）感光火灾探测器。感光火灾探测器又称为火焰探测器，主要对火焰辐射出的红外、紫外、可见光予以响应，常用的有红外火焰型和紫外火焰型两种。按火灾的发生规律，发光是在烟的生成及高温之后，因而它属于火灾晚期火灾探测器，但对于易燃、易爆物有特殊的作用。紫外线探测器对火焰发出的紫外光产生反应；红外线火灾探测器对火焰发出的红外光产生反应，而对灯光、太阳光、闪电、烟雾和热量均不反应，其规格为监视角。

（4）可燃性气体火灾探测器。可燃性气体火灾探测器利用对可燃性气体敏感的元件来探测可燃气体浓度，当可燃气体浓度达到危险值（超过限度）时报警。主要用于易燃、易爆场所中探测可燃气体（粉尘）的浓度，一般整定在爆炸浓度下限的 $1/6 \sim 1/4$ 时动作报警。适用于宾馆厨房或燃料气储备间、汽车库、压气机站、过滤车间、溶剂库、燃油电厂等有可燃气体的场所。

（5）复合火灾探测器。复合火灾探测器可以响应两种或两种以上火灾参数，主要有感温感烟型、感光感烟型和感温感光型等。

3. 按使用环境分类

按使用场所、环境的不同，火灾探测器可分为陆用型（无腐蚀性气体，温度在$-10\sim+50℃$，相对湿度85％以下）、船用型（高温50℃以上，高湿90％～100％相对湿度）、耐寒型（40℃以下的场所，或平均气温低于$-10℃$的地区）、耐酸型、耐碱型、防爆型等。

4. 按安装方式分类

有外露型和埋入型（隐蔽型）两种火灾探测器。后者用于特殊装饰的建筑中。

5. 按动作时刻分类

有延时与非延时动作的两种火灾探测器。延时动作便于人员疏散。

6. 按操作后能否复位分类

（1）可复位火灾探测器。在产生火灾报警信号的条件不再存在的情况下，不需更换组件即可从报警状态恢复到监视状态。

（2）不可复位火灾探测器。在产生火灾报警信号的条件不再存在的情况下，需更换组件才能从报警状态恢复到监视状态。

根据其维修保养时是否可拆卸，可分为可拆式和不可拆式火灾探测器。

问 133 **火灾探测器型号如何标注？**

火灾报警产品都是按照国家标准编制命名的。国标型号均是按汉语拼音字头的大写字母组合而成，从名称就可以看出产品类型与特征。

火灾探测器的型号命名主要由以下部分组成。

第一部分：由3～5个汉语拼音字母组成，表示该火灾探测器的类组型特征代号。

第二部分：由 2 个汉语拼音字母组成，表示该火灾探测器所使用的传感器及传输方式代号。如离子（LZ）、光电（GD）、紫外（ZW）等。

第三部分：由汉语拼音及 2～3 个阿拉伯数字组成。汉语拼音为厂家名缩写，阿拉伯数字为产品的系列号。

问 134　各类型火灾探测器如何表示？

（1）J（警）——消防产品中火灾报警设备分类代号。

（2）T（探）——火灾探测器代号。

（3）火灾探测器类型分组代号。各种类型火灾探测器的具体表示方法见表 4-2。

表 4-2　　　　　　　　火灾探测器分类代号

代号	探测器类型	代号	探测器类型
Y（烟）	感烟火灾探测器	T（图）	图像摄像方式火灾探测器
W（温）	感温火灾探测器	S（声）	感声火灾探测器
G（光）	感光火灾探测器	F（复）	复合式火灾探测器
Q（气）	气体敏感火灾探测器	—	—

（4）应用范围特征表示法：火灾探测器的应用范围特征是指火灾探测器的适用场所，适用于爆炸危险场所的为防爆型，否则为非防爆型；适用于船上使用的为船用型，适用于陆上使用的为陆用型。其具体表示方式是：B（爆）——防爆型（型号中无"B"代号即为非防爆型，其名称亦无须指出"非防爆型"）。C（船）——船用型（型号中无"C"代号即为陆用型，其名称中亦无须指出"陆用型"）。

问 135　传感器特征如何表示？

（1）感烟火灾探测器传感器特征表示法：L（离）——离子；

G（光）——光电；H（红）——红外光束。

对于吸气型感烟火灾探测器传感器特征表示法：LX——吸气型离子感烟火灾探测器；GX——吸气型光电感烟火灾探测器。

例如，JTY-LH-××YY表示××厂生产的编码、非编码混合式、离子感烟火灾探测器，产品序列号为YY。

（2）感温火灾探测器传感器特征表示法：感温火灾探测器的传感器特征由两个字母表示，前一个字母为敏感元件特征代号，后一个字母为敏感方式特征代号。

感温火灾探测器敏感元件特征代号表示法：M（膜）——膜盒；S（双）——双金属；Q（球）——玻璃球；G（管）——空气管；L（缆）——热敏电缆；O（偶）——热电偶，热电堆；B（半）——半导体；Y（银）——水银接点；Z（阻）——热敏电阻；R（熔）——易溶材料；X（纤）——光纤。

感温火灾探测器敏感方式特征代号表示法：D（定）——定温；C（差）——差温；O——差定温。

例如，JTW-ZCW-××YY表示××厂生产的无线传输式、热敏电阻式、差温火灾探测器，产品序列号为YY。

（3）感光火灾探测器传感器特征表示法：Z（紫）——紫外；H（红）——红外；U——多波段。

例如，JTG-ZF-××YY/Ⅰ表示××厂生产的非编码、紫外火焰探测器、灵敏度级别为Ⅰ级，产品序列号为YY。

（4）气体敏感火灾探测器传感器特征表示法：B（半）——气敏半导体；C（催）——催化。

例如，JTQ-BF-××YYY/aB表示××厂生产的非编码、自带报警声响、气敏半导体式火灾探测器，主参数为a，产品序列号为YYY。

（5）复合式火灾探测器传感器特征表示法：复合式火灾探测器是对两种或两种以上火灾参数响应的火灾探测器。复合式火灾探测器的传感器特征用组合在一起的火灾探测器类型分组代号或传感器特征代号表示。列出传感器特征的火灾探测器用其传感器特征表示，其他用火灾探测器类型分组代号表示，感温火灾探测器用其敏感方式特征代号表示。

例如，JTF-GOM-××YY/Ⅱ表示××厂生产的编码、光电感烟与差定温复合式火灾探测器，灵敏度级别为Ⅱ级，产品序列号为YY。

问 136　什么是离子感烟式火灾探测器？

离子感烟式火灾探测器是对能影响探测器内电离电流的燃烧物质所敏感的火灾探测器。即当烟参数影响电离电流并减少至设定值时，探测器动作，从而输出火灾报警信号。

当火灾发生时，烟雾进入采样电离室后，正、负离子会附着在烟颗粒上，由于烟粒子的质量远大于正、负离子的质量，所以正、负离子的定向运动速度减慢，电离电流减小，其等效电阻增加；而参考电离室内无烟雾进入，其等效电阻保持不变。这样就引起了两个串联电离室的分压比改变，其伏-安特性曲线变化规律如图 4-1 所示，采样电离室的伏-安特将由曲线①变为曲线②，参考电离室的伏-安特性曲线③保持不变。如果电离电流从正常监视电流 I_1，减小到火灾检测电流 I_2，则采样电离室端电压从 U_1 增加到 U_2，即

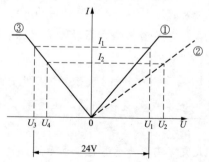

图 4-1　参考电离室与采样电离室串联伏-安特性曲线表

采样电离室的电压增量为：$\Delta U = U_2 - U_1$。

当采样电离室电压增量 ΔU 达到预定报警值时，通过模拟信号放大及阻抗变换器使双稳态触发器翻转，即由截止状态进入饱和导通状态，产生报警电流 I_A 推动底座上的驱动电路。再通过驱动电路使底座上的报警确认灯发光报警，并向其报警控制器发出报警信号。在探测器发出报警信号时，报警电流一般不超过 100mA。另外采取了瞬时探测器工作电压的方式，以使火灾后仍然处于报警状态的双稳态触发器恢复到截止状态，达到探测器复位的目的。

通过调节灵敏度调节电路即可改变探测器的灵敏度。一般在产品出厂时，探测器的灵敏度已整定，在现场不得随意调节。

问 137　光电感烟火灾探测器的种类有哪些？

（1）散射光型感烟火灾探测器。散射光型电感烟火灾探测器主要由光源、光接收器及电子线路（包括直流放大器和比较器、双稳态触发器等线路）等组成。

红外散射型光电感烟火灾探测器的可靠性高，误报率小，其工作原理如图 4-2 所示。VE 为红外发射二极管，VR 为红外光敏二极管（接收器），二者共装在同一可进烟的暗室中，并用一块黑框遮隔开。在正常监视状态下，VE 发射出一束红外光线，但由于有黑

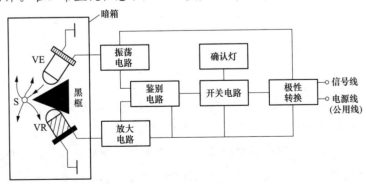

图 4-2　红外散射型光电感烟火灾探测器工作原理

框遮隔，光线并不能入射到红外光敏二极管 VR 上，故放大器无信号输出。当有烟雾进入火灾探测器暗室时，红外光线遇到烟颗粒 S 而产生散射效应。在散射光线中，有些光线被红外光敏二极管接收，并产生脉冲电流，经放大器放大和鉴别电路比较后，输出开关信号，使开关电路（晶闸管）动作，发出报警信号，同时其报警确认灯点亮。

（2）遮光型感烟火灾探测器。

1）点型遮光火灾探测器：其结构原理如图 4-3 所示。它的主要部件也是由一对发光及受光元件组成。发光元件发出的光直接射到受光元件上，产生光敏电流，维持正常监视状态。当烟雾粒子进入烟室后，烟雾粒子对光源发出的光产生吸收和散射作用，使到达受光元件的光通量减小，从而使受光元件上产生的光电流降低。一旦光电流减小到规定的动作阈值时，经放大电路输出报警信号。

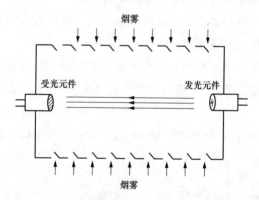

图 4-3　点型遮光火灾探测器的结构原理

2）线型遮光火灾探测器：其原理与点型遮光火灾探测器相似，仅在结构上有所区别。线型遮光火灾探测器的结构原理，如图 4-4 所示。点型火灾探测器中的发光及受光元件组合成一体，而线型火灾探测器中，光束发射器和接收器分别为两个独立部分，不再设有光敏室，作为测量区的光路暴露在被保护的空间，并加长了许多倍。发射元件内装核辐射源及附件，而接受元件装有光电接收器及附件。按其辐射源的不同，线型遮光探测器可分成激光型及红外束型两种。

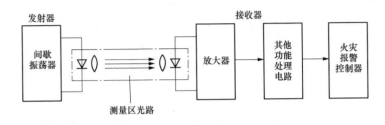

图 4-4　线型遮光火灾探测器的结构原理

问 138　定温火灾探测器的种类有哪些?

（1）双金属片定温火灾探测器。双金属片定温火灾探测器主要由吸热罩、双金属片及低熔点合金和电气接点等组成。双金属片是两种膨胀系数不同的金属片以及低熔点合金作为热敏感元件。在吸热罩的中部与特种螺钉用低熔点合金相焊接，特种螺钉又与顶杆相连接，其结构如图 4-5 所示。

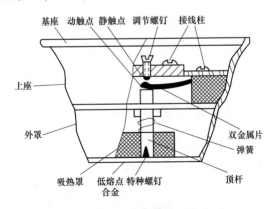

图 4-5　定温火灾探测器结构示意图

如被监控现场发生火灾时，随着环境温度的升高，热敏感元件双金属片渐渐向上弯曲；同时，当温度高至标定温度（70～90℃）时，低熔点合金也熔化落下，释放特种螺钉，这时顶杆借助于弹簧的弹力，助推双金属片接通动、静触点，送出火警信号。

（2）缆式线型定温火灾探测器。

1）普通缆式线型感温火灾探测器：普通缆式线型感温火灾探测器由两根相互扭绞的外包热敏绝缘材料的钢丝，塑料包带和塑料外护套等组成，其外形与一般导线相同。在正常时，两根钢丝之间的热敏绝缘材料相互绝缘，但被保护现场的缆线、设备等由于短路或过载而使线路中的某部分温度升高，并达到缆式线型感温火灾探测器的动作温度后，在温升地点的两根导线间的热敏绝缘材料的阻抗值降低，即使两根钢丝间发生阻值变化的信号，经与其连接的监视器把模块（也称作输入模块）转变成相应的数字信号，通过二总线传送给报警控制器，发出报警信号。

2）模拟缆式线型感温火灾探测器：模拟缆式线型感温火灾探测器有四根导线，在电缆外面有特殊的高温度系数的绝缘材料，并接成两个探测回路。当温度升高并达到动作温度时，其探测回路的等效电阻减小，发出火警信号。

缆式线型感温火灾探测器适用于电缆沟内、电缆桥架、电缆竖井、电缆隧道等处对电缆进行火警监测，也可用于控制室、计算机房地板下、电力变压器、开关设备、生产流水线等处。

问 139　什么是差温火灾探测器？

差温火灾探测器是随着室内温度升高的速率达到预定值（差温）时响应的火灾探测器。按其原理分为膜盒差温火灾探测器、空气管线型差温火灾探测器、热电耦式线型差温火灾探测器等形式。

（1）膜盒差温火灾探测器。膜盒式差温火灾探测器是一种点型差温火灾探测器，当环境温度达到规定的升温速率以上时动作。它以膜盒为温度敏感元件，根据局部热效应而动作。这种探测器主要由感热室、膜片、泄漏孔及接点等构成，其结构示意图如图 4-6 所示。感热外罩与底座形成密闭气室，有一小孔（泄漏孔）与空气连通。当环境温度缓慢变化时，感热室内

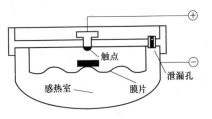

图 4-6　膜盒差温火灾探测器
结构示意图

外的空气对流由泄漏孔进出，使内外压力保持平衡，膜片保持不变。火灾发生时，感热室内的空气随着周围的温度急剧上升、迅速膨胀而来不及从泄漏孔外逸，致使感热室内气压增高，膜片受压使接点闭合，发出报警信号。

（2）空气管线型差温火灾探测器。空气管线型差温火灾探测器是一种线型（分布式）差温火灾探测器。当较大控制范围内温度达到或超出所规定的某一升温速率时即动作。它根据广泛的热效应而动作。这种探测器主要由空气管、膜片、泄漏孔、检出器及触点等构成，其结构示意图如图 4-7 所示。其工作原理是：当环境升温速率达到或超出所规定的某一升温速率时，空气管内气体迅速膨胀传入火灾探测器的膜片，产生高于室内环境的气压，从而使触点闭合，

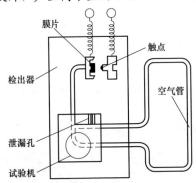

图 4-7　空气管线型差温火灾探测器结构示意图

将升温速率信号转变为电信号输出，达到报警的目的。

（3）热电耦式线型差温火灾探测器。其工作原理是利用热电偶遇热后产生温差电动势，从而有温差电流，经放大传输给报警器。其结构示意图如图 4-8 所示。

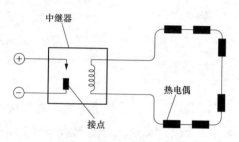

图 4-8 线型差温火灾探测器

问 140 什么是差定温火灾探测器？

差定温火灾探测器是将差温式和定温式两种探测器的结构组合在一起的差定温组合式火灾探测器，并同时兼有两种火灾报警功能（其中某一功能失效，另一功能仍起作用），以提高火灾报警的可靠性。

（1）机械式差定温火灾探测器。差温火灾探测部件与膜盒式差温火灾探测器基本相同，但其定温部件又分为双金属片式与易熔合金式 2 种。差定温火灾探测器属于膜盒—易熔合金式差定温火灾探测器。弹簧片的一端用低熔点合金焊在外罩内侧，当环境温度升到预定值时，合金熔化弹簧片弹回，压迫固定在波纹片上的弹性接触点（动触点）上移与固定触点接触，接通电源发出报警信号。

（2）电子式差定温火灾探测器。以 JWDC 型差定温火灾探测器为例，如图 4-9 所示。它共有 3 只热敏电阻（R1、R2、R5），其阻值随温度上升而下降。R1 及 R2 为差温部分的感温元件，二者阻值相同，特性相似，但位置不同。R1 布置于铜外壳上，对环境温度变化较敏感；R2 位于特制金属罩内，对外境温度变化不敏感。当环境温度变化缓慢时，R1 与 R2 阻值相近，三极管 VT1 截止；当发生火灾时，R1 直接受热，电阻值迅速变小，而 R2 响应迟缓，电阻值下降较小，使 A 点电位降低；当低到预定值时 VT1 导通，随之 VT3 导通输出低电平，发出报警信号。

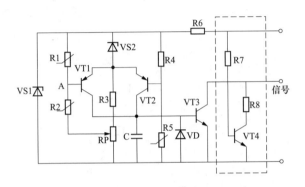

图 4-9　电子式差定温火灾探测器电气工作原理

定温部分由 VT2 和 R5 组成。当温度上升到预定值时，R5 阻值降到动作阈值，使 VT2 导通，进而导通 VT3 而报警。

图中虚线部分为断线自动监控部分。正常时 VT4 处于导通状态。如火灾探测器的 3 根外引线中任一根断线，VT4 立即截止，向火灾报警器发出断线故障信号。此断线监控部分仅在终端火灾探测器上设置即可，其他并联探测器均可不设。这样，其他并联火灾探测器仍处于正常监控状态及火灾报警信号处于优先地位。

问 141　什么是红外感光火灾探测器？

红外感光火灾探测器是利用火焰的红外光辐射和闪灼效应进行火灾探测。由于红外光谱的波长较长，烟雾粒子对其吸收和衰减远比波长较短的紫外光及可见光弱。因此，在大量烟雾的火场，即使距火焰一定距离仍可使红外光敏元件响应，具有响应时间短的特点。此外，借助于仿智逻辑进行的智能信号处理，能确保火灾探测器的可靠性，不受辐射及阳光照射的影响，因此，这种火灾探测器误报率低，抗干扰能力强，电路工作可靠，通用性强。

红外感光火灾探测器的结构示意图，如图 4-10 所示。在红玻璃片后塑料支架中心处固定着红外光敏元件硫化铅（PbS），在硫化铅前窗口处加可见光滤片——锗片，在探头后部印刷电路板上鉴别放大和输出电路。

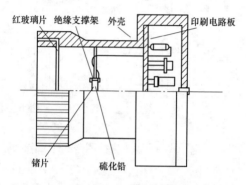

图 4-10　红外感光火灾探测器的结构示意图

由于红外感光火灾探测器具有响应快的特点，因而它通常用于监视易燃区域火灾的发生，特别适用于没有熏燃阶段的燃料（如醇类、汽油等易燃气体仓库等）火灾的早期报警。

问 142　什么是紫外感光火灾探测器？

紫外感光火灾探测器就是利用火焰产生的强烈紫外光辐射来探测火灾的。当有机化合物燃烧时，其氢氧根在氧化反应中会辐射出强烈的紫外光。

紫外感光火灾探测器由紫外光敏管、透紫石英玻璃窗、紫外线试验灯、光学遮护板、反光环、电子电路及防爆外壳等组成，如图 4-11 所示。

　　紫外感光火灾探测器的敏感元件是紫外光敏管。紫外光敏管是一种火焰紫外线部分特别灵敏气体放电管，它相当于一个光电开关。紫外光敏管结构如图 4-12 所示，紫外光敏管由两根弯曲一定形状的、且相互靠近的钼（Mo）或铂（Pt）丝作为电极，放入充满氦（He 元素，无色无臭，不易与其他元素化合，很轻）、氢等气体的密封玻璃管中制成。

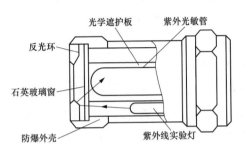
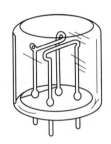

图 4-11　紫外感光火灾探测器结构示意图　　图 4-12　紫外光敏管结构示意图

问 143　可燃气体火灾探测器包括哪些类型？

　　可燃气体探测器利用对可燃气体敏感的元件来探测可燃气体浓度，当可燃气体浓度达到危险值（超过限度）时报警。在火灾事例中，常有因可燃性气体，粉尘及纤维过量而引起爆炸起火的。因此，对一些可能产生可燃性气体或蒸气爆炸混合物的场所，应设置可燃性气体探测器，以便对其监测。可燃性气体探测器有催化型及半导体型两种。

1. 催化型可燃性气体火灾探测器

　　可燃性气体检测报警器是由可燃性气体探测器和报警器两部分组成的。探测器利用难熔的铂丝加热后的电阻变化来测定可燃性气体浓度。它由检测元件、补偿元件及两个精密线绕电阻组成的一个不平衡电桥。检测元件和补偿元件是对称的热线型载体催化元件

（即铂丝）。检测元件与大气相通，补偿元件则是密封的，当空气中无可燃性气体时，电桥平衡，探测器输出为 0。当空气中含有可燃性气体并扩散到检测元件上时，由于催化作用产生无焰燃烧，铂丝温度上升，电阻增大，电桥产生不平衡电流而输出电信号。输出电信号的大小与可燃性气体浓度成正比。当用标准气样对此电路中的指示仪表进行测定，即可测得可燃性气体的浓度值。一般取爆炸下限为 100%，报警点设定在爆炸浓度下限的 25% 处。这种探测器不可用在含有硅酮和铅的气体中，为延长检测元件的寿命，在气体进入处装有过滤器。

2. 半导体型可燃性气体探测器

该探测器采用灵敏度较高的气敏元件制成。对探测氢气、一氧化碳、甲烷、乙醚、乙醇、天然气等可燃性气体很灵敏。QN，QM 系列气敏元件是以二氧化锡材料掺入适量有用杂质，在高温下烧结成的多晶体。这种材料在一定温度下（250～300℃），遇到可燃性气体时，电阻减小；其阻值下降幅度随着可燃性气体的浓度而变化。根据材料的这一特性可将可燃性气体浓度的大小转换成电信号，再配以适当电路，就可对可燃性气体浓度进行监测和报警。

除了上述火灾探测器外，还有一种图像监控式火灾探测器。这种探测器采用电荷耦合器件（CCD）摄像机，将一定区域的热场和图像清晰度信号记录下来，经过计算机分析、判别和处理，确定是否发生火灾。如果判定发生了火灾，还可进一步确定发生火灾的地点、火灾程度等。

问 144 火灾探测器应如何选择？

（1）根据环境条件、安装场所选择相应的火灾探测器。

1）点型探测器的选择：点型探测器适用的场所见表 4-3。

2）线型探测器的选择：线型探测器适用的场所见表 4-4。

表 4-3   点型探测器适用场所

序号	探测器类型		宜选用场所	不宜选用场所
1	点型感烟探测器	离子感烟探测器	1. 饭店、旅馆、教学楼、办公楼的厅堂、卧室、办公室等。 2. 电子计算机房、通信机房、电影或电视放映室等。 3. 楼梯、走道、电梯机房等。 4. 书库、档案库等。 5. 有电气火灾危险的场所	1. 相对湿度长期大于95％。 2. 气流速度大于5m/s。 3. 有大量粉尘、水雾滞留。 4. 可能产生腐蚀性气体。 5. 在正常情况下有烟滞留。 6. 产生醇类、醚类、酮类等有机物质
		光电感烟探测器		1. 可能产生黑烟。 2. 有大量积聚的粉尘、水雾滞留。 3. 可能产生的蒸汽和油雾。 4. 在正常情况下有烟滞留
2	感温探测器		1. 相对湿度经常高于95％。 2. 可能发生无烟火灾。 3. 有大量粉尘。 4. 在正常情况下有烟和蒸汽滞留。 5. 厨房、锅炉房、发电机房、茶炉房、烘干车间等。 6. 汽车库等。 7. 吸烟室等。 8. 其他不宜安装感烟探测器的厅堂和公共场所	可能产生阴燃火或者如发生火灾不及早报警将造成重大损失的场所，不宜选用感温探测器；温度在0℃以下的场所，不宜选用定温探测器；正常情况下温度变化较大的场所，不宜选用差温探测器

续表

序号	探测器类型	宜选用场所	不宜选用场所
3	火焰探测器	1. 火灾时有强烈的火焰辐射。 2. 液体燃烧火灾等无烟燃阶段的火灾。 3. 需要对火焰做出快速反应	1. 可能发生无焰火灾。 2. 在火焰出现前有浓烟扩散。 3. 探测器的镜头易被污染。 4. 探测器的"视线"易被遮挡。 5. 探测器易受阳光或其他光源直接或间接照射。 6. 在正常情况下有明火作业以及 X 射线、弧光等影响
4	可燃气体探测器	1. 使用管道煤气或天然气的场所。 2. 煤气站和煤气表房以及储存液化石油气罐的场所。 3. 其他散发可燃气体和可燃蒸气的场所。 4. 有可能产生一氧化碳气体的场所,宜选择一氧化碳气体探测器	1. 有硅粘结剂、发胶、硅橡胶的场所。 2. 有腐蚀性气体（H_2S、SO_x、Cl_2、HCl 等）。 3. 室外

表 4-4   线型探测器适用场所

序号	探测器类型	宜选用场所
1	缆式线型定温探测器	1. 计算机室,控制室的吊顶内、地板下及重要设施隐蔽处等。 2. 开关设备、发电厂、变电站及配电装置等。 3. 各种皮带运输装置。 4. 电缆夹层、电缆竖井、电缆隧道等。 5. 其他环境恶劣不适合点型探测器安装的危险场所

续表

序号	探测器类型	宜选用场所
2	空气管线型差温探测器	1. 不宜安装点型探测器的夹层、吊顶。 2. 公路隧道工程。 3. 古建筑。 4. 可能产生油类火灾且环境恶劣的场所。 5. 大型室内停车场
3	红外光束感烟探测器	1. 隧道工程。 2. 古建筑、文物保护的厅堂馆所等。 3. 档案馆、博物馆、飞机库、无遮挡大空间的库房等。 4. 发电厂、变电站等
4	可燃气体探测器	1. 煤气表房、燃气站及大量存储液化石油气罐的场所。 2. 使用管道煤气或燃气的房屋。 3. 其他散发或积聚可燃气体和可燃液体蒸汽的场所。 4. 有可能产生大量一氧化碳气体的场所，宜选用一氧化碳气体探测器

（2）根据房间高度选择探测器。由于各种探测器的特点各异，其适于的房间高度也不一致，为了使选择的探测器能更有效地达到保护的目的，表4-5列举了几种常用的探测器对房间高度的要求，供学习及设计参考。

如果高出顶棚的面积小于整个顶棚面积的10%，只要这一顶棚部分的面积不大于一只探测器的保护面积，则该较高的顶棚部分同整个顶棚面积一样看待；否则，较高的顶棚部分应如同分隔开的房间处理。

在按房间高度选用探测器时，应注意这仅仅是按房间高度对探测器选用的大致划分，具体选用时还需结合火灾的危险度和探测器本身的灵敏度档次来进行。如无法判断时，需做模拟试验后确定。

表 4-5 根据房间高度选择探测器

房间高度 h(m)	感烟探测器	感温探测器			火焰探测器
		一级	二级	三级	适合
$12<h\leqslant20$	不适合	不适合	不适合	不适合	适合
$8<h\leqslant12$	适合	不适合	不适合	不适合	适合
$6<h\leqslant8$	适合	适合	不适合	不适合	适合
$4<h\leqslant6$	适合	适合	适合	不适合	适合
$h\leqslant4$	适合	适合	适合	适合	适合

问 145　**火灾探测器的安装定位应如何确定？**

虽然在设计图样中确定了火灾探测器的型号、数量和大体的分布情况，但在施工过程中还需要根据现场的具体情况来确定火灾探测器的位置。在确定火灾探测器的安装位置和方向时，首先要考虑功能的需要，另外也应考虑美观，考虑周围灯具、风口和横梁的布置。

（1）探测器至墙壁、梁边的水平距离，不应小于 0.5m，如图 4-13 所示。

（2）探测器周围 0.5m 内，不应有遮挡物。

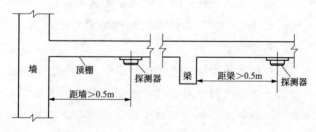

图 4-13　探测器至墙壁、梁边的水平距离

（3）探测器应靠回风口安装，探测器至空调送风口边的水平距

离，不应小于1.5m，如图4-14所示。

（4）在宽度小于3m的内走道顶棚上设置探测器时，居中布置。两只感温探测器间的安装间距，不应超过10m；两只感烟探测器间的安装间距，不应超过15m。探测器距端墙的距离，不应大于探测器安装间距的一半，如图4-15所示。

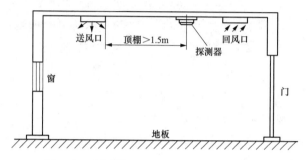

图4-14　探测器至空调送风口边的水平距离

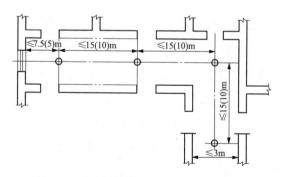

图4-15　探测器在走道顶棚上安装示意图

问 146　探测器安装间距应如何确定？

现代建筑消防工程的设计中应根据建筑、土建及相关工种提供的图样、资料等条件，正确地布置火灾探测器。火灾探测器的安装间距是指安装相邻的两个火灾探测器之间的水平距离，它由保护面

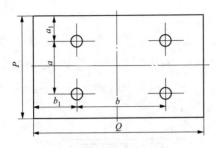

图 4-16　火灾探测器安装间距
a、b 示意图

积的 A 和屋顶坡度 θ 决定。

火灾探测器的安装间距如图 4-16 所示，假定由点划线把房间分为相等的小矩形作为一个探测器的保护面积，通常把探测器安装在保护面积的中心位置。其探测器安装间距 a、b 应按式 (4-1) 计算

$$a = P/2, b = Q/2 \qquad (4-1)$$

式中　P、Q 分别为房间的宽度和长度。

如果使用多个探测器的矩形房间，则探测器的安装间距应按式 (4-2) 计算

$$a = P/n_1, b = Q/n_2 \qquad (4-2)$$

式中　n_1——每列探测器的数目；

n_2——每行探测器的数目。

探测器与相邻墙壁之间的水平距离应按式 (4-3) 计算

$$a_1 = [P - (n_1 - 1)a]/2$$
$$b_1 = [P - (n_2 - 1)b]/2 \qquad (4-3)$$

在确定火灾探测器的安装距离时，还应注意以下几个问题：

(1) 但所计算的 a、b 不应超过图 4-17 中感烟、感温火灾探测器的安装间距极限曲线 $D_1 \sim D_{11}$（含 D_9'）所规定的范围，同时还要满足以下关系

$$ab \leqslant AK \qquad (4-4)$$

式中　A——一个火灾探测器的保护面积，m^2；

K——修正系数。

(2) 火灾探测器至墙壁水平距离 a_1、b_1 均不应小于 0.5m。

146

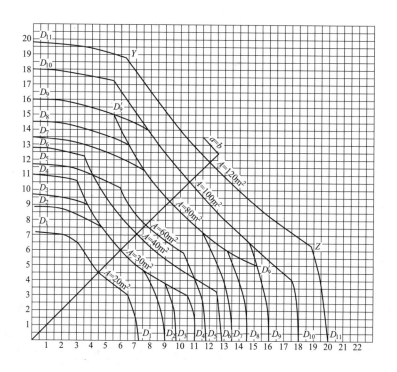

图 4-17　安装间距 a、b 的极限曲线

A—火灾探测器的保护面积（m^2）；a、b—火灾探测器的安装间距（m）；

$D_1 \sim D_{11}$（含 D_9'）—在不同保护面积 A 和保护半径 R 下确定火灾探测器安装间距

a、b 的极限曲线；Y、Z—极限曲线的端点（在 Y 和 Z 两点的曲线范围内，

保护面积可得到充分利用）

（3）对于使用多个火灾探测器的狭长房间，如宽度小于 3m 的内通道走廊等处，在顶棚设置火灾探测器时，为了装饰美观，宜居中心线布置。可按最大保护半径 R 的 2 倍作为探测器的安装间距，取 R 为房间两端的火灾探测器距端墙的水平距离。

（4）一般来说，感温火灾探测器的安装间距不应超过 10m，感烟火灾探测器的安装间距不应超过 15m，且火灾探测器至端墙的水平距离不应大于火灾探测器安装间距的一半。

| 问 147 | **火灾探测器应如何固定?** |

火灾探测器由底座和探头两部分组成,属于精密电子仪器,在建筑施工交叉作业时,一定要保护好。在安装火灾探测器时,应先安装火灾探测器底座,待整个火灾报警系统全部安装完毕时,再安装探头并做必要的调整工作。

常用的火灾探测器底座就其结构形式有普通底座、编码型底座、防爆底座、防水底座等专用底座;根据火灾探测器的底座是明装还是暗装,又可区分成直接安装和用预埋盒安装的形式。

火灾探测器的明装底座有的可以直接安装在建筑物室内装饰吊顶的顶板上,如图 4-18 所示。需要与专用盒配套安装或用 86 系列灯位盒安装的火灾探测器,盒体要与土建工程配合,预埋施工,底座外露于建筑物表面,如图 4-19 所示。使用防水盒安装的火灾探测器,如图 4-20 所示。火灾探测器若安装在有爆炸危险的场所,应使用防爆底座,做法如图 4-21 所示。编码型底座的安装如图 4-22 所示,带有火灾探测器锁紧装置,可防止火灾探测器脱落。

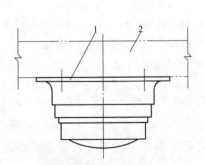

图 4-18　火灾探测器存吊
顶顶板上的安装
1—火灾探测器;2—吊顶顶板

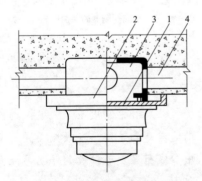

图 4-19　火灾探测器用预埋盒安装
1—火灾探测器;2—底座;
3—预埋盒;4—配管

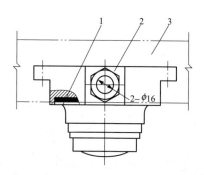

图 4-20　火灾探测器用 FS 型防水盒安装

1—火灾探测器；2—防水盒；3—吊顶或天花板

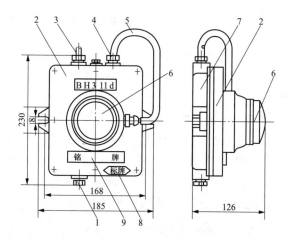

图 4-21　用 BHJW-1 型防爆底座安装感温式火灾探测器

1—备用接线封口螺帽；2—壳盖；3—用户自备线路电缆；

4—火灾探测器安全火花电路外接电缆封口螺帽；5—安全火花电路外接电缆；

6—二线制感温火灾探测器；7—壳体；8—"断电后方可启盖"标牌；9—铭牌

火灾探测器或底座上的报警确认灯应面向主要入口方向，以便于观察。顶埋暗装盒时，应将配管一并埋入，用钢管时应将管路连接成一导电通路。

在吊顶内安装火灾探测器，专用盒、灯位盒应安装在顶板上

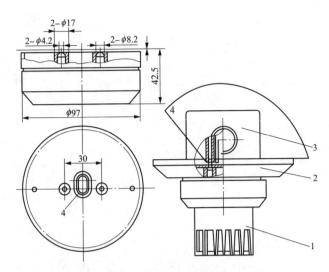

图 4-22　编码型底座外形及安装
1—火灾探测器；2—装饰圈；3—接线盒；4—穿线孔

面，根据火灾探测器的安装位置，先在顶板上钻个小孔，再根据小孔的位置，将灯位盒与配管连接好，配至小孔位置，将保护管固定在吊顶的龙骨上或吊顶内的支、吊架上。灯位盒应紧贴在顶板上面，然后对顶板上的小孔扩大，扩大面积应不大于盒口面积。

　　由于火灾探测器的型号、规格繁多，其安装方式各异，故在施工图下发后，应仔细阅读图纸和产品样本，了解产品的技术说明书，做到正确地安装，达到合理使用的目的。

问 148　火灾探测器应如何进行接线与安装？

　　火灾探测器的接线其实就是火灾探测器底座的接线，安装火灾探测器底座时，应先将预留在盒内的导线剥出线芯 10～15mm（注意保留线号）。将剥好的线芯连接在火灾探测器底座相对应的各接线端子上，需要焊接连接时，导线剥头应焊接焊片，通过焊片接于火灾探测器底座的接线端子上。

不同规格型号的火灾探测器其接线方法也有所不同，一定要参照产品说明书进行接线。接线完毕后，将底座用配套的螺栓固定在预埋盒上，并上好防潮罩。按设计图检查无误后再拧上。

当房顶坡度 $\theta > 15°$ 时，火灾探测器应在人字坡屋顶下最高处安装，如图 4-23 所示。

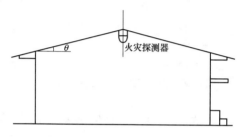

图 4-23　$\theta > 15°$火灾探测器安装要求

当房顶坡度 $\theta \leqslant 45°$ 时，火灾探测器可以直接安装在屋顶板面上，如图 4-24 所示。

锯齿形屋顶，当 $\theta > 15°$ 时，应在每个锯齿屋脊下安装一排火灾探测器，如图 4-25 所示。

当房顶坡度 $\theta > 45°$ 时，火灾探测器应加支架，水平安装，如图 4-26所示。

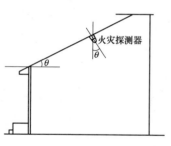

图 4-24　$\theta \leqslant 45°$火灾探测器安装要求

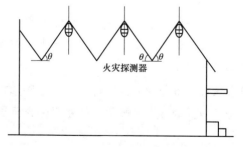

图 4-25　$\theta > 15°$锯齿形屋顶火灾探测器安装要求

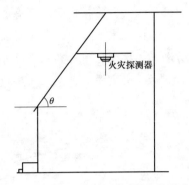

图 4-26 $\theta > 45°$ 火灾探测器安装要求

火灾探测器确认灯，应面向便于人员观测的主要入口方向，如图 4-27 所示。

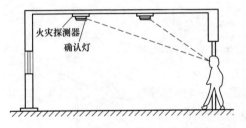

图 4-27 火灾探测器确认灯安装方向要求

在电梯井、管道井、楼梯间处，可以只在井道上方的机房顶棚上安装一只感烟火灾探测器。在楼梯间、斜坡式走道处，可按垂直距离每 15m 高处安装一只火灾探测器，如图 4-28 所示。

无吊顶的大型桁架结构仓库，应采用管架将火灾探测器悬挂安装，下垂高度应按实际需要选取。当使用感烟火灾探测器时，应该加装集烟罩，如图 4-29 所示。

当房间被书架、设备等物品隔断时，如果分隔物顶部至顶棚或梁的距离小于房间净高的 5%，则每个被分割部分至少安装一只火灾探测器。

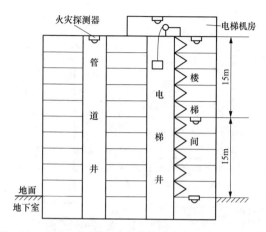

图 4-28 井道、楼梯间、走道等处火灾探测器安装要求

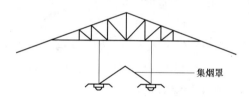

图 4-29 桁架结构仓库探测器安装要求

第二节 手动火灾报警按钮

手动报警按钮主要用于建筑物的走廊、楼梯、走道等人员易于抵达的场所。当人工确认火灾发生后,手动按下手动报警按钮,可向控制器发出火灾报警信号。控制器接收到报警信号后,显示出报警按钮的编号或位置并发出声光报警。

问 149 手动报警按钮可分为哪几类?

手动报警按钮按是否带电话可分为不带电话插孔型和带电话插孔型,按是否带编码可分为编码型和非编码型,其外形示意如图

4-30所示。

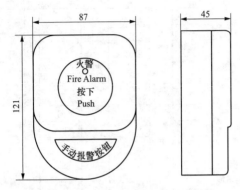

图 4-30　手动报警按钮外形示意图

1. 不带电话插孔型手动报警按钮

不带电话插孔型手动报警按钮操作方式一般为人工手动按下手动报警按钮（一般为可恢复型），分为带编码型和不带编码型（子型），编码型手动报警按钮通常可带数个子型手动报警按钮。

2. 带电话插孔手动报警按钮

带电话插孔手动报警按钮附加有电话插孔，以供巡逻人员使用手持电话机插入插孔后，可直接与消防控制室或消防中心进行电话联系。电话接线端子一般连接于二线制（非编码型）消防电话系统，如图 4-31 所示。

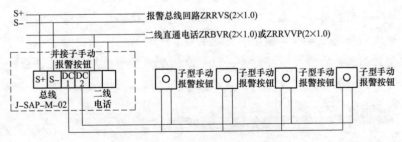

图 4-31　手动报警按钮接线示意图

154

问 150　手动报警按钮有什么作用和工作方式？

　　手动报警按钮是消防报警及联动控制系统中必备的设备之一。它具有确认火情或人工发出火警信号的特殊作用。当人们发现火灾后，可通过装于走廊、楼梯口等处的手动报警按钮进行人工报警。手动报警按钮为装于金属盒内的按键，一般将金属盒嵌入墙内，外露红色边框的保护罩。人工确认火灾后，敲破保护罩，将键按下，此时，一方面就地报警设备（如火警讯响器、火警电铃）动作；另一方面手动信号被送到区域报警器，发出火灾报警。像火灾探测器一样，手动报警按钮也在系统中占有一个部位号。有的报警按钮还具有动作指示，接收返回信号等功能。

　　手动报警按钮的报警紧急程度比火灾探测器高，一般不需确认。所以手动报警按钮要求更可靠、更确切，处理火灾要求更快。手动报警按钮宜与集中报警器连接，且单独占用一个部位号。因为集中报警控制器在消防室内，能更快采取措施，所以当没有集中报警器时，它才接入区域报警器，但应占用一个部位号。

问 151　手动报警按钮如何布线？

　　手动报警按钮接线端子如图 4-32 及图 4-33 所示。

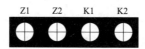

图 4-32　手动报警按钮（不带插孔）接线端子

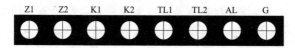

图 4-33　手动报警按钮（带消防电话插孔）接线端子

图中各端子的意义见表 4-6。

表 4-6　　　　　　手动报警按钮各端子的意义

端子名称	端子的作用	布线要求
Z1、Z2	无极性信号二总线端子	布线时 Z1、Z2 采用 RVS 双绞线，导线截面≥1.0mm²
	与控制器信号弹二总线连接的端子	布线时信号 Z1、Z2 采用 RVS 双绞线，横截面积≥1.0mm²
K1、K2	无源常开输出端子	—
	DC 24V 进线端子及控制线输出端子，用于提供直流 24V 开关信号	—
AL、G	与总线制编码电话插孔连接的报警请求线端子	报警请求线 AL、G 采用 BV 线，截面积≥1.0mm²
TL1、TL2	与总线制编码电话插孔或多线制电话主机连接音频接线端子	消防电话线 TL1、TL2 采用 RVVP 屏蔽线，横截面积≥1.0mm²

第三节　火灾报警控制器

问 152　　火灾报警控制器应如何分类？

1. 按系统布线方式分类

（1）多线制火灾报警控制器。多线制（也称为二线制）报警控制器按监控区域分为区域报警控制器和集中报警控制器两种。区域报警控制器（总根数为 $n+1$），以进行区域范围内的火灾监测和报警工作。因此每台区域报警控制器与其区域内的控制器等正确连接后，经过严格调试验收合格后，就构成了完整独立的火灾自动报警系统，所以区域报警控制器是多线制火灾自动报警系统的主要设备之一。而集中报警控制器则是连接多台区域报警控制器，收集处理来自各区域报警器送来的报警信号，以扩大监控区域范围。所以集中控制器主要用于监探器容量较大的火灾自动报警系统中。

多线制火灾报警控制器的探测器与控制器的连接采用一一对应方式。每个探测器至少有一根线与控制器连接，因而其连线较多，仅适用于小型火灾自动报警系统。

（2）总线制火灾报警控制器。总线制火灾报警控制器是与智能型火灾探测器和模块相配套，采用总线接线方式，有二总线、三总线等不同型式，通过软件编程，分布式控制。同时系统采用国际标准的 CAN、RS485、RS323 接口，实现主网（即主机与各从机之间）、从网（即各控制器与火灾显示盘之间）及计算机、打印机的通信，使系统成为集报警、监视和控制为一体的大型智能化火灾报警控制系统。

控制器与探测器采用总线（少线）方式连接。所有探测器均并联或串联在总线上（一般总线数量为 2～4 根），具有安装、调试、使用方便，工程造价较低的特点，适用于大型火灾自动报警系统。目前总线制火灾自动报警系统已在工程中得到普遍使用。

2. 按控制范围分类

（1）区域报警控制器。区域报警控制器由输入回路、光报警单元、声报警单元、自动监控单元、手动检查试验单元、输出回路和稳压电源及备用电源等组成。

控制器直接连接火灾探测器，处理各种报警信息，是组成自动报警系统最常用的设备之一。区域火灾报警控制器主要功能有：供电功能、火警记忆功能、消声后再声响功能、输出控制功能、监视传输线切断功能、主备电源自动转换功能、熔丝烧断告警功能、火警优先功能和手动检查功能。

（2）集中报警控制器。集中报警控制器由输入回路、光报警单元、声报警单元、自动监控单元、手动检查试验单元和稳压电源、备用电源等电源组成。

集中报警控制器一般不与火灾探测器相连，而与区域火灾报警控制器相连。处理区域级火灾报警控制器送来的报警信号，常使用在较大型系统中。

集中火灾报警控制器的电路除输入单元和显示单元的构成和要求与区域火灾报警控制器有所不同外，其基本组成部分与区域火灾报警控制器大同小异。

（3）通用火灾报警控制器。通用火灾报警控制器兼有区域，集中两级火灾报警控制器的双重特点。通过设置或修改某些参数（可以是硬件或者是软件方面），即可作区域级使用，连接探测器；又可作集中级使用，连接区域火灾报警控制器。

3. 按结构型式分类

（1）壁挂式火灾报警控制器。一般来说，壁挂式火灾报警控制器的连结探测器回路数相应少一些。控制功能较简单，一般区域火灾报警控制器常采用这种结构。

（2）台式火灾报警控制器。台式火灾报警控制器连接探测器回路数较多，联动控制功能较复杂。操作使用方便，一般常见于集中火灾报警控制器。

（3）柜式火灾报警控制器。柜式火灾报警控制器与台式火灾报警控制器基本相同。内部电路结构多设计成插板组合式，易于功能扩展。

（4）当交流供电压变动幅度在额定电压（220V）的110%和85%范围内，频率为50Hz±1Hz时，控制器应能正常工作。在本（2）条件下，其输出直流电压稳定度和负载稳定度应不大于5%。

（5）采用总线工作方式的控制器至少一个回路按设计容量连接真实负载（该回路用于连接真实负载的导线为长度1000m，横截面积1.0mm² 的铜质纹线，或生产企业声明的连接条件），其他回路连接等效负载，同时报警部位的数量应不少于10个。

> **问 153**　　**火灾报警控制器有哪些基本功能？**

1. 电源功能

（1）控制器的电源部分应具有主电源和备用电源转换装置。当主电源断电时，能自动转换到备用电源；主电源恢复时，能自动转换到主电源；应有主、备电源工作状态指示，主电源应有过流保护措施主、备电源的转换不应使控制器产生误动作。

（2）控制器至少一个回路按设计容量连接真实负载，其他回路连接等效负载，主电源容量应能保证控制器在下述条件下连续正常工作 4h。

1）控制器容量不超过 10 个报警部位时，所有报警部位均处于报警状态。

2）控制器容量超过 10 个报警部位时，20％的报警部位（不少于 10 个报警部位，但不超过 32 个报警部位）处于报警状态。

（3）控制器至少一个回路按设计容量连接真实负载，其他回路连接等效负载。备用电源在放电至终止电压条件下，充电 24h，其容量应可提供控制器在监视状态下工作 8h 后，在下述条件下工作 30min。

1）控制器容量不超过 10 个报警部位时，所有报警部位均处于报警状态。

2）控制器容量超过 10 个报警部位时，1/15 的报警部位（不少于 10 个报警部位，但不超过 32 个报警部位）处于报警状态。

2. 火灾报警功能

（1）控制器应能直接或间接地接收来自火灾探测器及其他火灾报警触发器件的火灾报警信号，发出火灾报警声、光信号，指示火灾发生部位，记录火灾报警时间，并予以保持，直至手动复位。

（2）当有火灾探测器火灾报警信号输入时，控制器应在 10s 内发出火灾报警声、光信号。对来自火灾探测器的火灾报警信号可设置报警延时，其最大延时不应超过 1min，延时期间应有延时光指示，延时设置信息应能通过本机操作查询。

（3）当有手动火灾报警按钮报警信号输入时，控制器应在 10s 内发出火灾报警声、光信号，并明确指示该报警是手动火灾报警按钮报警。

（4）控制器应有专用火警总指示灯（器）。控制器处于火灾报警状态时，火警总指示灯（器）应点亮。

（5）火灾报警声信号应能手动消除，当再有火灾报警信号输入时，应能再次启动。

（6）控制器采用字母（符）一数字显示时，还应满足下述要求。

1）应能显示当前火灾报警部位的总数。

2）应采用下述方法之一显示最先火灾报警部位：①用专用显示器持续显示；②如未设专用显示器，应在共用显示器的顶部持续显示。

3）后续火灾报警部位应按报警时间顺序连续显示。当显示区域不足以显示全部火灾报警部位时，应按顺序循环显示；同时应设手动查询按钮（键），每手动查询一次，只能查询一个火灾报警部位及相关信息。

（7）控制器需要接收来自同一探测器（区）两个或两个以上火灾报警信号才能确定发出火灾报警信号时，还应满足下述要求。

1）控制器接收到第一个火灾报警信号时，应发出火灾报警声信号或故障声信号，并指示相应部位，但不能进入火灾报警状态。

2）接收到第一个火灾报警信号后，控制器在 60s 内接收到要求的后续火灾报警信号时，应发出火灾报警声、光信号，并进入火灾报警状态。

3）接收到第一个火灾报警信号后，控制器在 30min 内仍未接收到要求的后续火灾报警信号时，应对第一个火灾报警信号自动复位。

（8）控制器需要接收到不同部位两只火灾探测器的火灾报警信号才能确定发出火灾报警信号时，还应满足下述要求。

1）控制器接收到第一只火灾探测器的火灾报警信号时，应发出火灾报警声信号或故障声信号，并指示相应部位，但不能进入火灾报警状态。

2）控制器接收到第一只火灾探测器火灾报警信号后，在规定的时间间隔（不小于5min）内未接收到要求的后续火灾报警信号时，可对第一个火灾报警信号自动复位。

（9）控制器应设手动复位按钮（键），复位后，仍然存在的状态及相关信息均应保持或在20s内重新建立。

（10）控制器火灾报警计时装置的日计时误差不应超过30s，使用打印机记录火灾报警时间时，应打印出月、日、时、分等信息，但不能仅使用打印机记录火灾报警时间。

（11）具有火灾报警历史事件记录功能的控制器应能至少记录999条相关信息，且在控制器断电后能保持信息14d。

（12）通过控制器可改变与其连接的火灾探测器响应阈值时，对探测器设定的响应阈值应能手动可查。

（13）除复位操作外，对控制器的任何操作均不应影响控制器接收和发出火灾报警信号。

3. 火灾报警控制功能

（1）控制器在火灾报警状态下应有火灾声和/或光警报器控制输出。

（2）控制器可设置其他控制输出（应少于6点），用于火灾报警传输设备和消防联动设备等设备的控制，每一控制输出应有对应的手动直接控制按钮（键）。

（3）控制器在发出火灾报警信号后3s内应启动相关的控制输出（有延时要求时除外）。

（4）控制器应能手动消除和启动火灾声和/或光警报器的声警报信号，消声后，有新的火灾报警信号时，声警报信号应能重新启动。

（5）具有传输火灾报警信息功能的控制器，在火灾报警信息传输期间应有光指示，并保持至复位，如有反馈信号输入，应有接收显示。对于采用独立指示灯（器）作为传输火灾报警信息显示的控制器，如有反馈信号输入，可用该指示灯（器）转为接收显示，并保持至复位。

（6）控制器发出消防联动设备控制信号时，应发出相应的声光信号指示，该光信号指示不能被覆盖且应保持至手动恢复；在接收到消防联动控制设备反馈信号 10s 内应发出相应的声光信号，并保持至消防联动设备恢复。

（7）如需要设置控制输出延时，延时应按下述方式设置。

1）对火灾声和/或光警报器及对消防联动设备控制输出的延时，应通过火灾探测器和/或手动火灾报警按钮和/或特定部位的信号实现。

2）控制火灾报警信息传输的延时应通过火灾探测器和/或特定部位的信号实现。

3）延时应不超过 10min，延时时间变化步长不应超过 1min。

4）在延时期间，应能手动插入或通过手动火灾报警按钮而直接启动输出功能。

5）任一输出延时均不应影响其他输出功能的正常工作，延时期间应有延时光指示。

（8）当控制器要求接收来自火灾探测器和/或手动火灾报警按钮的 1 个以上火灾报警信号才能发出控制输出时，当收到第一个火灾报警信号后，在收到要求的后续火灾报警信号前，控制器应进入火灾报警状态；但可设有分别或全部禁止对火灾声和/或光警报器、火灾报警传输设备和消防联动设备输出操作的手段。禁止对某一设备输出操作不应影响对其他设备的输出操作。

（9）控制器在机箱内设有消防联动控制设备时，即火灾报警控制器（联动型），还应满足 GB 16806—2016《消防联动控制系统》国家标准第 1 号修改单的相关要求，消防联动控制设备故障应不影响控制器的火灾报警功能。

4. 故障报警功能

（1）控制器应设专用故障总指示灯（器），无论控制器处于何种状态，只要有故障信号存在，该故障总指示灯（器）应点亮。

（2）当控制器内部、控制器与其连接的部件间发生故障时，控制器应在100s内发出与火灾报警信号有明显区别的故障声、光信号，故障声信号应能手动消除，再有故障信号输入时，应能再启动；故障光信号应保持至故障排除。

（3）控制器应能显示下述故障的部位。

1）控制器与火灾探测器、手动火灾报警按钮及完成传输火灾报警信号功能部件间连接线的断路、短路（短路时发出火灾报警信号除外）和影响火灾报警功能的接地，探头与底座间连接断路。

2）控制器与火灾显示盘间连接线的断路、短路和影响功能的接地。

3）控制器与其控制的火灾声和/或光警报器、火灾报警传输设备和消防联动设备间连接线的断路、短路和影响功能的接地。

其中1）、2）两项故障在有火灾报警信号时可以不显示，3）项故障显示不能受火灾报警信号影响。

（4）控制器应能显示下述故障的类型。

1）给备用电源充电的充电器与备用电源间连接线的断路、短路。

2）备用电源与其负载间连接线的断路、短路。

3）主电源欠电压。

（5）控制器应能显示所有故障信息。在不能同时显示所有故障信息时，未显示的故障信息应手动可查。

（6）当主电源断电，备用电源不能保证控制器正常工作时，控制器应发出故障声信号并能保持1h以上。

（7）对于软件控制实现各项功能的控制器，当程序不能正常运行或存储器内容出错时，控制器应有单独的故障指示灯显示系统故障。

（8）控制器的故障信号在故障排除后，可以自动或手动复位。复位后，控制器应在100s内重新显示尚存的故障。

（9）任一故障均不应影响非故障部分的正常工作。

（10）当控制器采用总线工作方式时，应设有总线短路隔离器。短路隔离器动作时，控制器应能指示出被隔离部件的部位号。当某一总线发生一处短路故障导致短路隔离器动作时，受短路隔离器影响的部件数量不应超过32个。

5. 自检功能

（1）控制器应能检查本机的火灾报警功能（以下称自检），控制器在执行自检功能期间，受其控制的外接设备和输出接点均不应动作。控制器自检时间超过1min或其不能自动停止自检功能时，控制器的自检功能应不影响非自检部位、探测区和控制器本身的火灾报警功能。

（2）控制器应能手动检查其面板所有指示灯（器）、显示器的功能。

（3）具有能手动检查各部位或探测区火灾报警信号处理和显示功能的控制器，应设专用自检总指示灯（器），只要有部位或探测区处于检查状态，该自检总指示灯（器）均应点亮，并满足下述要求：

1）控制器应显示（或手动可查）所有处于自检状态中的部位或探测区。

2）每个部位或探测区均应能单独手动启动和解除自检状态。

3）处于自检状态的部位或探测区不应影响其他部位或探测区的显示和输出，控制器的所有对外控制输出接点均不应动作（检查声和/或光警报器警报功能时除外）。

6. 信息显示与查询功能

控制器信息显示按火灾报警、监管报警及其他状态顺序由高至低排列信息显示等级，高等级的状态信息应优先显示，低等级状态信息显示不应影响高等级状态信息显示，显示的信息应与对应的状态一致且易于辨识。当控制器处于某一高等级状态显示时，应能通过手动操作查询其他低等级状态信息，各状态信息不应交替显示。

问 154 火灾报警控制器应如何接线？

对于不同厂家生产的不同型号的火灾报警控制器其线制各异，如三线制、四线制、两线制、全总线制及二总线制等。传统的有两线制和现代的全总线制、二总线制三种。

1. 两线制

两线制接线，其配线较多，自动化程度较低，大多在小系统中应用，目前已很少使用。

2. 二总线制

二总线制（共 2 根导线）其系统接线示意如图 4-34 所示。其中 S—为公共地线；则 S＋同时完成供电、选址、自检、报警等多种功能的信号传输。其优点是接线简单、用线量较少。现已广泛采用，特别是目前逐步应用的智能型火灾报警系统更是建立在二总线制的运行机制上。

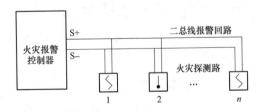

图 4-34 二总线制连接方式

3. 全总线制

全总线制接线方式大系统中显示出其明显的优势，接线非常简单，大大缩短了施工工期。

区域报警器输入线为 5 根，即 P、S、T、G 及 V 线，即电源线、信号线、巡检控制线、回路地线及 DC 24V 线。

区域报警器输出线数等于集中报警器接出的六条总线，即 P_0、S_0、T_0、G_0、C_0、D_0，C_0 为同步线，D_0 为数据线。所以称之为四全总线（或称总线）是因为该系统中所使用的探测器、手动报警按钮等设备均采用 P、S、T、G 四根出线引至区域报警器上，如图 4-35 所示。

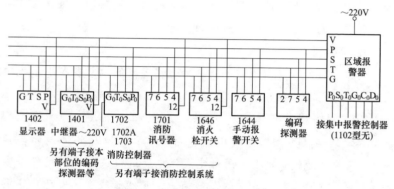

图 4-35　四全总线制接线示意图

问 155
什么是智能火灾报警控制器?

随着技术的不断革新，新一代的火灾报警控制器层出不穷，其功能更加强大、操作更加简便。

1. 火灾报警控制器的智能化

火灾报警控制器采用大屏幕汉字液晶显示，清晰直观。除可显示各种报警信息外，还可显示各类图形。报警控制器可直接接收火灾探测器传送的各类状态信号，通过控制器可将现场火灾探测器设置成信号传感器，并将传感器采集到的现场环境参数信号进行数据及曲线分析，为更准确地判断现场是否发生火灾提供了有利的工具。

2. 报警及联动控制一体化

控制器采用内部并行总线设计、积木式结构，容量扩充简单方便。系统可采用报警和联动共线式布线，也可采用报警和联动分线式布线，适用于目前各种报警系统的布线方式，彻底解决了变更产品设计带来的原设计图纸改动的问题。

3. 数字化总线技术

探测器与控制器采用无极性信号二总线技术，通过数字化总线通信，控制器可方便地设置探测器的灵敏度等工作参数，查阅探测器的运行状态。由于采用二总线，整个报警系统的布线极大简化，便于工程安装、线路维修，降低了工程造价。系统还设有总线故障报警功能，随时监测总线工作状态，保证系统可靠工作。

问 156　火灾报警控制器有哪些类型？

火灾报警控制器可分为台式、壁挂式和柜式三种类型。国产台式报警器型号为 JB-QT，壁挂式为 JB-QB，柜式为 JB-QG。"JB"为报警控制器代号，"T""B""G"分别为台、壁、柜代号。

（1）台式报警器。台式报警器放在工作台上，外形尺寸如图 4-36 所示。长度 L 和宽度 W 尺寸依照设备容量，均为 300～500mm。容量（带探测器部位数）大者，外形尺寸大。

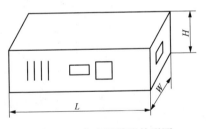

图 4-36　台式报警器外形图

放置台式控制器的工作台有两种规格：一种长 1.2m，一种长 1.8m，两边有 3cm 的侧板，当一个基本台不够用时，可将若干个基本台拼装起来使用。基本台式报警器的安装方法如图 4-37 所示。

（2）壁挂式区域报警器。壁挂式区域报警器是悬挂在墙壁上的。因此它的后箱板应该开有安装孔。报警器的安装尺寸如图 4-38 所示。

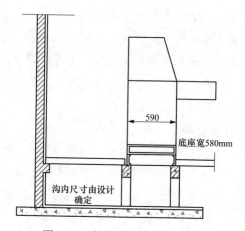

图 4-37 台式报警器的安装方法

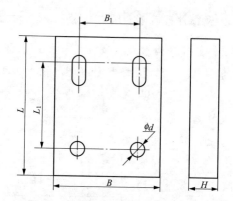

图 4-38 壁挂式区域报警器的安装尺寸

在安装孔处的墙壁上，土建施工时，预先埋好固定铁件（带有安装螺孔），并预埋好穿线钢管、接线盒等。一般进线孔在报警器上方，所以接线盒位置应在报警器上方，靠近报警器的地方。

安装报警器时，应先将电缆导线穿好，再将报警器放好，用螺钉紧固住，然后按接线要求接线。

一般壁挂式报警器箱长度 L 为 $500\sim800\text{mm}$，宽度 B 为 $400\sim$

600mm，B_1 为 300～400mm，孔径 d
为 10～12mm，具体安装尺寸详见各厂
家产品说明书。

（3）柜式区域报警器。柜式区域
报警器外形尺寸如图 4-39 所示。

一般长 L 约为 500mm，宽 W 约
为 400mm，高 H 约为 1900mm。孔距
L_1 为 300 ～ 320mm，W_1 为 320 ～
370mm，孔径 d 为 12～13mm。柜式
区域报警器安装在预制好的电缆沟槽
上，底脚孔用螺钉紧固，然后按接线
图接线。柜式报警器的安装方法如
图 4-40 所示。

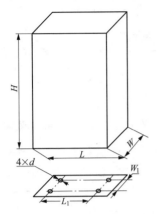

图 4-39　柜式区域报警器
外形尺寸图

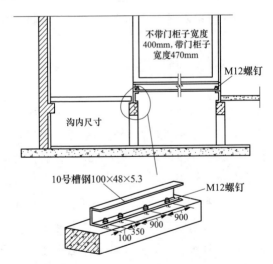

图 4-40　柜式区域报警器的安装方法

柜式区域报警器容量比壁挂式大，接线方式一般与壁挂式相
同，只是信号线数、总检线数相应增多。柜式区域报警器用在每层

探测部位多、楼层高、需要联动消防设备的场所。

问 157 火灾报警控制器的安装有哪些要求?

设备安装前土建工作应具备下列条件:屋顶、楼板施工完毕,不得有渗漏;结束室内地面工作;预埋件及预留孔符合设计要求,预埋件应牢固;门窗安装完毕;进行装饰工作时有可能损坏已安装设备或设备安装后不能再进行施工的装饰工作全部结束。

控制器在墙上安装时,其底边距地(楼)面高度不应小于1.5m,落地安装时,其底宜高出地坪0.1～0.2m。区域报警控制器安装在墙上时,靠近其门轴的侧面距墙不应小于0.5m;正面操作距离不应小于1.2m。集中报警控制器需从后面检修时,其后面距墙不应小于1m;当其一侧靠墙安装时,另一侧距墙不应小于1m;正面操作距离,当设备单列布置时不应小于1.5m,双列布置时不应小于2m;在值班人员经常工作的一面,控制盘距墙不应小于3m。

控制器应安装牢固,不得倾斜;安装在轻质墙上时,应采取加固措施。

引入控制器的电缆或导线,应符合下列要求:配线应整齐,避免交叉,并应固定牢靠;电缆芯线和所配导线的端部,均应标明编号,并与图样一致,字迹清晰,不易褪色;与控制器的端子板连接应使控制器的显示操作规则、有序;端子板的每个接线端,接线不得超过两根;电缆芯和导线,应留有不小于20cm的余量;导线应绑扎成束;导线引入线穿线后,在进线管处应封堵。

控制器的主电源引入线,应直接与消防电源连接,严禁使用电源插头,主电源应有明显标志。

控制器的接地应牢固,并有明显标志。

消防控制设备在安装前,应进行功能检查,不合格者,不得安装。

消防控制设备的外接导线，当采用金属软管作套管时，其长度不宜大于 2m，且应采用管卡固定，其固定点间距不应大于 0.5m。金属软管与消防控制设备的接线盒（箱），应采用螺母固定，并应根据配管规定接地。

消防控制设备外接导线的端部，应有明显标志。

消防控制设备盘（柜）内不同电压等级、不同电流类别的端子应分开，并有明显标志。

消防控制室接地电阻值应符合下列要求：工作接地电阻值应小于 4Ω；采用联合接地时，接地电阻值应小于 1Ω。

当采用联合接地时，应用专用接地干线，由消防控制室引至接地体。专用接地干线应用铜芯绝缘电线或电缆，其线芯截面积不应小于 $16mm^2$。工作接地线应采用铜芯绝缘导线或电缆，不得利用镀锌扁钢或金属软管。

由消防控制室接地板引至各消防设备的接地线应选用铜芯绝缘软线，其线芯截面积不应小于 $4mm^2$。

由消防控制室引至接地体的接地线在通过墙壁时，应穿入钢管或其他坚固的保护管。接地线跨越建筑物伸缩缝、沉降缝处时，应加设补偿器，补偿器可用接地线本身弯成弧状代替。

工作接地线与保护接地线必须分开，保护接地线导体不得用金属软管代替。

接地装置施工完毕后，应及时作隐蔽工程验收。验收应包括下列内容：测量接地电阻，并做记录；查验应提交的技术文件；审查施工质量。

问 158　火灾报警控制器的接线有哪些要求？

报警控制器的接线是指使用线缆将其外接线端子与其他设备连接起来，不同设备的外接线端子会有一些差别，应根据设备的说明书进行接线。下面以海湾公司 JB-QG-GST200 型汉字液晶显示火灾报警控制器为例介绍接线方法。

JB-QG-GST200 型汉字液晶显示火灾报警控制器（联动型）为柜式结构设计，其外部接线端子如图 4-41 所示。

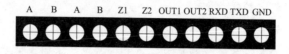

图 4-41　JB-QG-GST200 型火灾报警控制器外部接线端子示意图

其中：

A、B：连接其他各类控制器及火灾显示盘的通信总线端子。

Z1、Z2：无极性信号二总线端子。

OUT1、OUT2：火警报警输出端子（无源常开控制点，报警时闭合）。

RXD、TXD、GND：连接彩色 CRT 系统的接线端子。

CN+、CN-（$N=1 \sim 14$）：多线制控制输出端子。

+24V、GND：DC 24V、6A 供电电源输出端子。

L、G、N：交流 220V 接线端子及交流接地端子。

布线要求：DC 24V、6A 供电电源线在竖井内采用 BV 线，截面积 $\geqslant 4.0 \mathrm{mm}^2$，在平面采用 BV 线，截面积 $\geqslant 2.5 \mathrm{mm}^2$，其余线路要求与 JB-QB-GST200 型汉字液晶显示火灾报警控制器（联动型）相同。

问 159　火灾报警系统接地装置安装有哪些要求？

火灾报警系统应有专用的接地装置。在消防控制室安装专用接地板。采用专用接地装置时，接地电阻不应小于 4Ω；采用公用接地装置时，接地电阻不应小于 1Ω。火灾自动报警系统应设专用接地线，它应采用铜芯绝缘导线，其总线横截面积不应小于$25mm^2$，专用接地干线宜穿管直接连接地体。由消防控制室专用接地极引至各消防电子设备的专用接地线应选用铜芯塑料绝缘导线，其总线截面积不应小于$4mm^2$。系统接地装置安装时，工作接地线应采用铜芯绝缘导线或电缆，由消防控制室引至接地体的工作接地线，在通过墙壁时，应穿入钢管或其他坚硬的保护管。工作接地线与保护接地线必须分开。

第五章 消防联动控制系统

第一节 消防通信系统

问 160 **什么是消防专用电话系统?**

消防中心控制室应设置消防专用电话总机,并且宜选用共电式电话总机或直通对讲设备,消防专用电话分机分设在其他各个部位。消防中心控制室及消防值班室等处应装设向公安、消防部门直接报警的外线电话。下列部位应设置消防专用电话分机:消防水泵房、配变电室、主要通风和空调机房、消防电梯机房、排烟机房、备用发电机房及其他与消防联动控制有关的且经常有人值班的房间,灭火系统操作装置处或控制室,消防值班室、企业消防站总调度室。设有手动报警按钮、消火栓按钮等处宜设消防专用电话插孔,便于报警后值班人员到现场复核及灭火时现场与消防中心控制室通话。按照线制的不同,可采用四种方式的消防通信系统,如图5-1所示。目前,国内已有不少厂家生产有四总线制消防专用电话,其分机作为消防专用电话分机使用,使配线大大简化。消防通信系统的接线方式及其设备的容量应依据实际工程的情况而定。

总线制消防专用电话系统由设置在消防中心控制室的GST-TS-ZOIA型总线制消防电话主机、现场的GST-LD-8304型消防电话模块、火灾报警控制器、GST-LD-8312型消防电话插座及GST-TS-100A/100B消防电话分机构成。

(1)GST-LD-8304型消防电话模块。GST-LD-8304是一种编码模块,直接和火灾报警控制器总线连接,并且需要接上DC 24V电源总线。为实现电话语音信号的传送,还需要接入两根消防电话

174

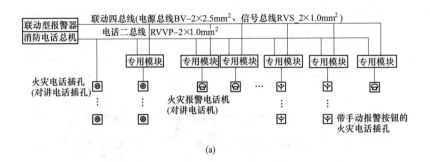

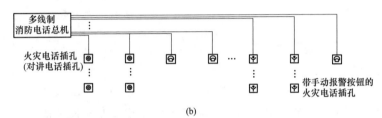

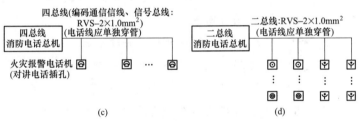

图 5-1 消防通信系统接线图

（a）六总线制接线方式；（b）多线制接线方式；

（c）四总线制接线方式；（d）两总线制接线方式

线。GST-LD-8304 型消防电话模块上有一个电话插孔，可以直接供总线制电话分机使用。GST-LD-8312 型消防电话插座、J-SAP-8402、J-SAP-GST9112 型手动报警按钮的电话插孔部分均为非编码的，可直接与消防电话总线连接，构成非编码电话插孔，如果与GST-LD-8304 型消防电话模块连接使用，可构成编码式电话插孔。根据规范要求，GST-LD-8304 型消防电话模块可安装在消防水泵房、消防电梯机房等门口。GST-LD-8304 型消防电话模块接线端子示意图如图 5-2 示出。其布线要求为：Z1、Z2 采用截面积≥1.0mm² 的阻燃 RVS 双绞线，24VDC 电源线采用截面积≥1.5mm² 的阻燃 BV 线，TL1、TL2 采用截面积≥1.0mm² 的阻燃 RVVP 屏蔽线，L1、L2、AL、G 采用截面积≥1.0mm² 的阻燃 BV 线。

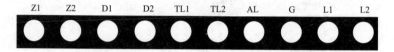

| Z1 | Z2 | D1 | D2 | TL1 | TL2 | AL | G | L1 | L2 |

图 5-2 GST-LD-8304 型消防电话模块接线端子示意图

注，Z1、Z2 为火灾报警控制器两总线，无极性；D1、D2 接 24V DC 电源，无极性；
TL1、TL2、AL、G 为与 GST-LD-8312、J-SAP-8402、J-SAP-GST9112 或
GST-TS-100 连接端子；L1、L2 为消防电话总线，无极性。

（2）GST-LD-8312 型消防电话插座。GST-LD-8312 型消防电话插座是一种非编码消防电话插座，不能接入火灾报警控制总线，仅能和 GST-LD-8304 型消防电话模块连接，构成编码式电话插座，通常为多个 GST-LD-8312 型消防电话插座并联后和一个 GST-LD-8304 型消防电话模块相连，仅占用整个系统一个编码点。应当注意的是，借助 GST-LD-8304 作为所连接电话插座的编码模块时，GST-LD-8304 型消防电话模块不允许再连接电话分机。此外，多个 GST-LD-8312 型消防电话插座并联后，也可直接与总线制消防电话主机或多线制消防电话主机连接，不占用控制器的编码点。

（3）设置方法。在工程应用设置时，只要掌握 GST-LD-8304 型消防电话模块与 GST-LD-8312 型消防电话插座（或 J-SAP-8402、J-SAP-GST9112 型手动报警按钮）各自的特点并且灵活运用，就可以满足大多数应用要求。图 5-3 是有固定电话分机和电话插孔的系统连接示意图。这是在实际中用得最多的系统构成方式，它能满足一座大厦建筑物内不同位置的不同要求，若在电梯机房、水泵房、配电房及电梯门口等重要的地方安装固定式电话分机，而在每一楼层安装一个或多个 GST-LD-8304 型消防电话模块作为消防电

话插座分区编码模块，在走廊墙壁上隔一定距离设置一只 GST-LD-8312 型消防电话插座或 J-SAP-8402、J-SAP-GST9112 型手动报警按钮，并将这些 GST-LD-8312 型消防电话插座或 J-SAP-8402、J-SAP-GST9112 型手动报警按钮分组并联在该楼层的 GST-LD-8304 型消防电话模块上。无须编码的电话插座可直接接在消防电话主机两根电话线上。

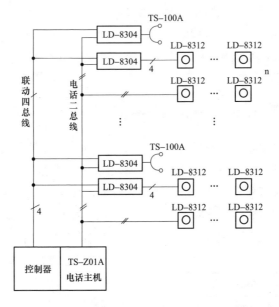

图 5-3　有固定电话分机和电话插孔的系统连接示意图

第二节　消防联动控制模块

问 161　什么是消防联动控制模块？

　　消防联动控制模块是由集成电路、分立元件或者微型电器组成的电路，是能完成某种功能的整体电路装置。模块不仅具有中继器的作用，而且整体性强、体积小，工作稳定可靠，具有比较强的抗干扰能力。它可接收信号、放大信号，具有扩展功能和带负载的能力。

问 162　　什么是消防联动控制输入模块？

消防联动控制输入模块是用于现场消防设备各种一次动作并有动作信号输出的被动型设备，它的作用是接受现场装置的报警信号，实现信号向火灾报警控制器的传输。

消防联动控制输入模块适用于老式消火栓按钮、水流指示器、压力开关、70℃或者280℃防火阀等。模块可以采用电子编码器完成编码设置。

问 163　　什么是消防联动控制总线联动控制模块？

消防联动控制总线联动控制模块是采用二总线制方式控制的一次动作的电子继电器，如只控制启动或者只控制停止等。主要用于排烟口、排烟阀、送风口、防火阀以及非消防电源切断等一次动作的一般消防设备。总线控制模块连接于报警控制器的报警总线回路上，可以由消防控制室进行联动或远方手动控制现场设备。

如图 5-4 所示为 HJ-1825 总线控制模块端子接线端子图。输出接点用来联动控制消防设备的动作；无源反馈用于现场设备动作状态的信号反馈；并配置有 DC 24 V 直流电源，和本继电器（总线联动控制模块）输出接点组合接成有源输出控制电路。

如图 5-5 所示为总线控制模块接线示意图。

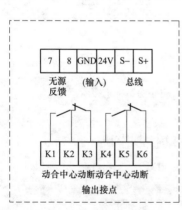

图 5-4　HJ-1825 总线控制
模块端子接线图

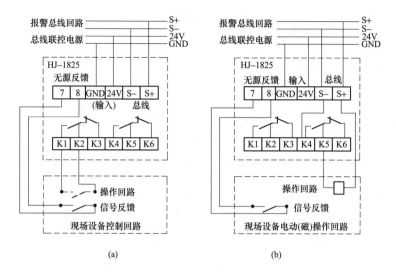

图 5-5 总线控制模块接线示意图

(a) 无源接线控制；(b) 有源接线控制

用 LD-8301 型和 LD-8302（非编码型）模块配合使用时，可实现对大电流（直流）启动设备的控制及交流 220V 设备的转换控制，可避免由于使用 LD-8301 型模块直接控制设备造成将交流电引入控制系统总线的危险。如图 5-6 所示。

问 164 什么是消防联动控制多线联动控制模块？

消防联动控制多线联动控制模块是二次动作的电子继电器。如既控制启动，又控制停止等，因此有时称双动作切换控制模块。主要用于水泵、送风机、排烟机以及排风机等二次动作的重要消防设备。多线控制模块一般连接于报警控制器的多线控制回路上，可以由消防控制室进行联动或远方手动控制现场设备。

如图 5-7 为 HJ-1807 多线联动控制模块的端子接线图。

模块输出触点（动合开与动断触点）用于联动控制消防设备的

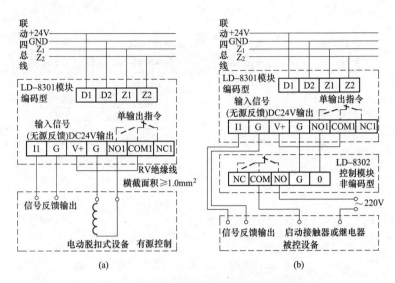

图 5-6　单动作切换控制模块接线示意图

（a）直流控制；（b）交流控制

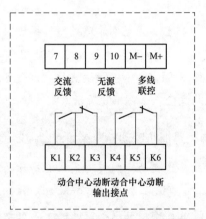

图 5-7　HJ-1807 多线控制模块端子接线图

动作；无源反馈用来做现场设备动作状态的无源信号反馈；有源反馈用来做现场设备动作状态的有源信号反馈。

如图 5-8 所示多线控制模块接线示意图。

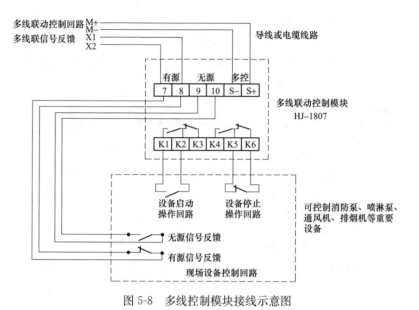

多线联动控制回路 M+
　　　　　　　　　 M−
多线联信号反馈 X1
　　　　　　　 X2

导线或电缆线路

有源　无源　多控

| 7 | 8 | 9 | 10 | S− | S+ |

多线联动控制模块
HJ−1807

| K1 | K2 | K3 | K4 | K5 | K6 |

设备启动
操作回路

设备停止
操作回路

可控消防泵、喷淋泵、通风机、排烟机等重要设备

无源信号反馈

有源信号反馈

现场设备控制回路

图 5-8　多线控制模块接线示意图

第三节　消防控制室

按照 GB 50116—2013《火灾自动报警系统设计规范》对消防控制室（中心）的控制及显示功能规定，消防控制室应具有按受火灾报警、发出火灾信号和安全疏散指令、控制各种消防联动控制设备及显示电源运行情况等功能。

问 165　消防控制室的设备由哪些部件组成？

消防控制设备根据需要可由下列部分或全部控制装置组成：

（1）火灾报警控制器。

（2）自动灭火系统的控制装置。

（3）室内消火栓系统的控制装置。

（4）通风空调、防烟、排烟设备及电动防火阀的控制装置。

（5）常开电动防火门、防火卷帘的控制装置。

（6）电梯回降控制装置。

（7）火灾应急广播设备的控制装置。

（8）火灾警报装置的控制装置。

（9）火灾应急照明与疏散指示标志控制装置。

问 166　消防控制室一般有哪些要求？

（1）消防控制室内设置的消防设备应包括火灾报警控制器、消防联动控制器、消防控制室图形显示装置、消防电话总机、消防应急广播控制装置、消防应急照明和疏散指示系统控制装置、消防电源监控器等设备，或具有相应功能的组合设备。

（2）消防控制室内设置的消防设备应能监控并显示建筑消防设施运行状态信息，并应具有向城市消防远程监控中心（以下简称监控中心）传输这些相关信息的功能。建筑消防设施运行状态信息见表 5-1。

表 5-1　　　　　　　　建筑消防设施运行状态信息

设施名称		内　容
火灾探测报警系统		火灾报警信息、可燃气体探测报警信息、电气火灾监控报警信息、屏蔽信息、故障信息
消防联动控制系统	消防联动控制器	动作状态、屏蔽信息、故障信息
	消火栓系统	消防水泵电源的工作状态，消防水泵的启、停状态和故障状态，消防水箱（池）水位、管网压力报警信息及消火栓按钮的报警信息
	自动喷水灭火系统、水喷雾（细水雾）、灭火系统（泵供水方式）	喷淋泵电源工作状态，喷淋泵的启、停状态和故障状态，水流指示器、信号阀、报警阀、压力开关的正常工作状态和动作状态
	气体灭火系统、细水雾灭火系统（压力容器供水方式）	系统的手动、自动工作状态及故障状态，阀驱动装置的正常工作状态和动作状态，防护区域中的防火门（窗）、防火阀、通风空调等设备的正常工作状态和动作状态，系统的启、停信息，紧急停止信号和管网压力信号

续表

设施名称		内　　容
消防联动控制系统	泡沫灭火系统	消防水泵、泡沫液泵电源的工作状态，系统的手动、自动工作状态及故障状态，消防水泵、泡沫液泵的正常工作状态和动作状态
	干粉灭火系统	系统的手动、自动工作状态及故障状态，阀驱动装置的正常工作状态和动作状态，系统的启、停信息，紧急停止信号和管网压力信号
	防烟排烟系统	系统的手动、自动工作状态，防烟排烟风机电源的工作状态，风机、电动防火阀、电动排烟防火阀、常闭送风口、排烟阀（口）、电动排烟窗、电动挡烟垂壁的正常工作状态和动作状态
	防火门及卷帘系统	防火卷帘控制器、防火门控制器的工作状态和故障状态。卷帘门的工作状态，具有反馈信号的各类防火门、疏散门的工作状态和故障状态等动态信息
	消防电梯	消防电梯的停用和故障状态
	消防应急广播	消防应急广播的启动、停止和故障状态
	消防应急照明和疏散指示系统	消防应急照明和疏散指示系统的故障状态和应急工作状态信息
	消防电源	系统内各消防用电设备的供电电源和备用电源工作状态和欠压报警信息

（3）消防控制室内应保存消防控制室的资料和表 5-2 规定的消防安全管理信息，并可具有向监控中心传输消防安全管理信息的功能。

表 5-2　　　　　　　　消防安全管理信息

序号	名称	内　　容
1	基本情况	单位名称、编号、类别、地址、联系电话、邮政编码，消防控制室电话；单位职工人数、成立时间、上级主管（或管辖）单位名称、占地面积、总建筑面积、单位总平面图（含消防车道、毗邻建筑等）；单位法人代表、消防安全责任人、消防安全管理人及专兼职消防管理人的姓名、身份证号码、电话

序号	名称		内　容
2	主要建、构筑物等信息	建（构）筑	建筑物名称、编号、使用性质、耐火等级、结构类型、建筑高度、地上层数及建筑面积、地下层数及建筑面积、隧道高度及长度等、建造日期、主要储存物名称及数量、建筑物内最大容纳人数、建筑立面图及消防设施平面布置图；消防控制室位置，安全出口的数量、位置及形式（指疏散楼梯）；毗邻建筑的使用性质、结构类型、建筑高度、与本建筑的间距
		堆场	堆场名称、主要堆放物品名称、总储量、最大堆高、堆场平面图（含消防车道、防火间距）
		储罐	储罐区名称、储罐类型（指地上、地下、立式、卧式、浮顶、固定顶等）、总容积、最大单罐容积及高度、储存物名称、性质和形态、储罐区平面图（含消防车道、防火间距）
		装置	装置区名称、占地面积、最大高度、设计日产量、主要原料、主要产品、装置区平面图（含消防车道、防火间距）
3	单位（场所）内消防安全重点部位信息		重点部位名称、所在位置、使用性质、建筑面积、耐火等级、有无消防设施、责任人姓名、身份证号码及电话
4	室内外消防设施信息	火灾自动报警系统	设置部位、系统形式、维保单位名称、联系电话；控制器（含火灾报警、消防联动、可燃气体报警、电气火灾监控等）、探测器（含火灾探测、可燃气体探测、电气火灾探测等）、手动报警按钮、消防电气控制装置等的类型、型号、数量、制造商；火灾自动报警系统图
		消防水源	市政给水管网形式（指环状、支状）及管径、市政管网向建（构）筑物供水的进水管数量及管径、消防水池位置及容量、屋顶水箱位置及容量、其他水源形式及供水量、消防泵房设置位置及水泵数量、消防给水系统平面布置图

续表

序号	名称		内　　容
4	室内外消防设施信息	室外消火栓	室外消火栓管网形式（指环状、支状）及管径、消火栓数量、室外消火栓平面布置图
		室内消火栓系统	室内消火栓管网形式（指环状、支状）及管径、消火栓数量、水泵接合器位置及数量、有无与本系统相连的屋顶消防水箱
		自动喷水灭火系统（含雨淋、水幕）	设置部位、系统形式（指湿式、干式、预作用、开式、闭式等）、报警阀位置及数量、水泵接合器位置及数量、有无与本系统相连的屋顶消防水箱、自动喷水灭火系统图
		水喷雾（细水雾）灭火系统	设置部位、报警阀位置及数量、水喷雾（细水雾）灭火系统图
		气体灭火系统	系统形式（指有管网、无管网，组合分配、独立式，高压、低压等）、系统保护的防护区数量及位置、手动控制装置的位置、钢瓶间位置、灭火剂类型、气体灭火系统图
		泡沫灭火系统	设置部位、泡沫种类（指低倍、中倍、高倍，抗溶、氟蛋白等）、系统形式（指液上、液下，固定、半固定等）、泡沫灭火系统图
		干粉灭火系统	设置部位、干粉储罐位置、干粉灭火系统图
		防烟排烟系统	设置部位、风机安装位置、风机数量、风机类型、防烟排烟系统图
		防火门及卷帘	设置部位、数量
		消防应急广播	设置部位、数量、消防应急广播系统图
		应急照明及疏散指示系统	设置部位、数量、应急照明及疏散指示系统图
		消防电源	设置部位、消防主电源在配电室是否有独立配电柜供电、备用电源形式（市电、发电机、EPS等）
		灭火器	设置部位、配置类型（指手提式、推车式等）、数量、生产日期、更换药剂日期

序号	名称		内　容
5	消防设施定期检查及维护保养信息		检查人姓名、检查日期、检查类别（指日检、月检、季检、年检等）、检查内容（指各类消防设施相关技术规范规定的内容）及处理结果，维护保养日期、内容
6	日常防火巡查记录	基本信息	值班人员姓名、每日巡查次数、巡查时间、巡查部位
		用火用电	用火、用电、用气有无违章情况
		疏散通道	安全出口、疏散通道、疏散楼梯是否畅通，是否堆放可燃物；疏散走道、疏散楼梯、顶棚装修材料是否合格
		防火门、防火卷帘	常闭防火门是否处于正常工作状态，是否被锁闭；防火卷帘是否处于正常工作状态，防火卷帘下方是否堆放物品影响使用
		消防设施	疏散指示标志、应急照明是否处于正常完好状态；火灾自动报警系统探测器是否处于正常完好状态；自动喷水灭火系统喷头、末端放（试）水装置、报警阀是否处于正常完好状态；室内、室外消火栓系统是否处于正常完好状态；灭火器是否处于正常完好状态
7	火灾信息		起火时间、起火部位、起火原因、报警方式（指自动、人工等）、灭火方式（指气体、喷水、水喷雾、泡沫、干粉灭火系统，灭火器，消防队等）

（4）具有两个及两个以上消防控制室时，应确定主消防控制室和分消防控制室。主消防控制室的消费设备应对系统内共用的消防设备进行控制，并显示其状态信息；主消防控制室内的消防设备应能显示各分消防控制室内消防设备的状态信息，并可对分消防控制室内的消防设备及其控制的消防系统和设备进行控制；各分消防控制室内的控制和显示装置之间可以相互传输、显示状态信息，但不

应互相控制。

(5) 消防控制室内设置的消防设备应为符合国家市场准入制度的产品。消防控制室的设计、建设和运行应符合国家现行有关标准的规定。

(6) 消防设备组成系统时，各设备之间应满足系统兼容性要求。

问 167 消防控制室应如何设置？

消防控制盘可与集中火灾报警器组合在一起。当集中火灾报警器与消防控制盘分开设置时，消防控制盘有控制柜式或控制屏台式，控制柜式显示部分在柜的上半部，操作部分在柜的下半部；控制屏台式的显示部分设于屏面上，而操作部分设于台面上。

(1) 设备面盘前操作距离：单列布置时应不小于1.5m，双列布置时应小于2m，但在值班人员经常工作的一面，控制屏（台）到墙的距离应不小于3m。

(2) 盘后维修距离不宜小于1m。

(3) 设备控制盘的排列长度大于4m时，控制盘两端应设置宽度不小于1m的通道。

(4) 集中报警控制器或火灾报警控制器安装在墙上时，其底边距地面高度宜为1.3～1.5m。控制器靠近门轴的侧面距墙应不小于0.5m，正面操作距离应不小于1.2m。

消防控制室内设置的自动报警、消防联动控制、显示等不同电流类别的屏（台），宜分开设置。若在同屏（台）内布置时，应采取安全隔离措施或将不同用途的端子板分开设置。

第四节 消 防 电 梯

问 168 怎样控制消防电梯？

建筑物中设有电梯及消防电梯时，消防中心控制室应能对电梯，尤其是消防电梯的运行进行管理。这是因为消防电梯是在发生火灾时，供消防人员扑灭火灾及营救人员用的纵向的交通工具，联动控制一定要安全可靠。发生火灾时，不用一般电梯疏散，因为这时电源不稳定，所以对消防电梯控制一定要保证安全可靠。消防中心控制室在确认发生火灾后，应能控制电梯全部停于首层，并且能随时接收其反馈信号。

电梯的控制有两种方式：一种是把电梯的控制显示盘设在消防中心控制室，以便消防值班人员在必要时可直接操作；另一种是在人工确认真正是火灾之后，消防中心控制室向电梯控制室发出火灾信号及强制电梯下降的命令，所有电梯下行停于首层。在对自动化程度要求比较高的建筑内，可用消防电梯前室的感烟探测器联动控制电梯。但必须注意，感烟探测器误报的危险性，最好还是通过消防中心控制室进行控制。

第五节 防排烟系统及联动控制

问 169 **防排烟系统有哪些常用设备？**

防排烟系统常用的设备有防排烟风机、阀门、排烟口、加压送风口、余压阀、挡烟垂壁、挡烟窗。

问 170 **防排烟风机的类型有哪些？**

（1）根据作用原理分类。可将风机分为离心式风机、轴流式风机和混流式风机。

1）离心式风机。离心式风机由叶轮、机壳、转轴、支架等部件组成，叶轮上装有一定数量的叶片，如图 5-9 所示。气流从风机轴向吸入口进入，经 90°转弯进入叶轮中，叶轮叶片间隙中的气体被带动旋转而获得离心力，气体由于离心力的作用向机壳方向运动，并产生一定的正压力，由蜗壳汇集沿切向引导至排气口排出，叶轮中则由于气体离开而形成了负压，气体因而源源不断地由进风口轴向地被吸入，从而形成了气体被连续地吸入、加压、排出的流动过程。

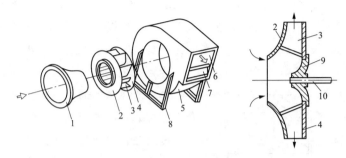

图 5-9　离心式风机的组成

1—吸入口；2—叶轮前盘；3—叶片；4—后盘；5—机壳；

6—出口；7—节流板（风舌）；8—支架；9—轮毂；10—轴

2）轴流式风机。轴流式风机的叶片安装在旋转的轮毂上，当叶轮由电动机带动而旋转时，将气流从轴向吸入，气体受到叶片的推挤而升压，并形成轴向流动，由于风机中的气流方向始终沿着轴向，故称为轴流式风机，如图 5-10 所示。

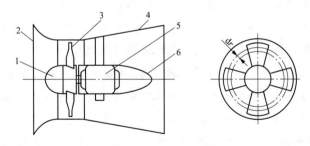

图 5-10　轴流式风机的组成

1—轮毂；2—前整流罩口；3—叶轮；4—扩压管；

5—电动机；6—后整流罩

3）混流风机。混流风机（又叫斜流风机）的外形、结构都是介于轴流风机和离心风机之间的风机，斜流风机的叶轮高速旋转让空气既做离心运动，又做轴向运动，既产生离心风机的离心力，又具有轴流风机的推升力，机壳内空气的运动混合了轴流与离心两种运动形式。斜流风机和离心风机比较，压力低一些，而流量大一些，它与轴流风机比较，压力高一些，但流量又小一些。斜流风机具有压力高、风量大、高效率、结构紧凑、噪声低、体积小、安装

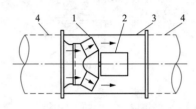

图 5-11　混流风机示意图

1—叶轮；2—电动机；
3—风筒；4—连接风管

方便等优点。斜流式风机外形看起来更像传统的轴流式风机，机壳可具有敞开的入口，排泄壳缓慢膨胀，以放慢空气或气体流的速度，并将动能转换为有用的静态压力，如图 5-11 所示。

（2）根据风机的用途分类。可以将风机分为一般用途风机、排尘风机、防爆风机、防腐风机、消防用排烟风机、屋顶风机、高温风机、射流风机等。

在建筑防排烟工程中，由于加压送风系统输送的是一般的室外空气，因此可以采用一般用途风机，而排烟系统中的风机可采用消防用排烟风机。

另外，根据风机的转速将风机分为单速风机和双速风机。通过改变风机的转速可以改变风机的性能参数，以满足风量和全压的要求，并可实现节能的目的。双速风机采用的是双速电机，通过接触器改变极对数得到两种不同转速。

问 171　防排烟工程对风机的要求有哪些？

建筑物防排烟工程的风机、加压送风风机与一般的送风风机没有区别，而排烟风机除具备一般工程中所用的风机的性能外，还应满足以下要求。

（1）排烟风机排出的是火灾中的高温烟气，因此排烟风机应能够保证烟气温度低于85℃时长时间运行，在烟气温度为280℃的条件下连续工作不小于30min（地铁用轴流风机需要在250℃高温下可连续运转1h），当温度冷却至环境温度时仍能连续正常运转。当排烟风机及系统中设置有软接头时，该软接头应能在280℃的环境条件下连续工作不少于30min。

（2）排烟风机可采用离心风机或消防专用排烟轴流风机，风机采用不燃材料制作，高温变形小。排烟专用轴流风机必须有国家质量检测认证中心，按照相应标准进行性能检测的报告。普通离心式通风机是按输送密度较大的冷空气设计的，当输送火灾烟气时风量保持不变，由于烟气密度小，风机功耗小，电机线圈发热量小，这对风机有利。

（3）排烟风机的全压应满足排烟系统最不利环路的要求，考虑排烟风道漏风量的因素，排烟量应增加10%～20%的富余量。

（4）在排烟风机入口或出口处的总管应设置排烟防火阀，当烟气温度超过280℃时排烟防火阀能自行关闭，该阀应与排烟风机连锁，关闭时排烟风机应能停止运转。

（5）加压风机和排烟风机应满足系统风量和风压的要求，并尽可能使工作点处在风机的高效区。机械加压送风机可采用轴流风机或中、低压离心风机，送风机的进风口宜直接与室外空气相通。

（6）高原地区由于海拔高，大气压力低，气体密度小，对于排烟系统在质量流量、阻力相同时，风机所需要的风量和风压都比平原地区的大，不能忽视当地大气压力的影响。

（7）轴流式消防排烟通风机应在风机内设置电动机隔热保护与空气冷却系统，电动机绝缘等级应不低于F级。

（8）轴流式消防排烟通风机电动机动力引出线，应由耐温隔热套管包容或采用耐高温电缆。

问 172　什么是防火阀和排烟防火阀？

防火阀与排烟防火阀都是安装在通风、空气调节系统的管道上，用于火灾发生时控制管道开通或关断的重要组件。

（1）防火阀。防火阀的主要作用是防止火灾烟气从风道蔓延，当风道从防火分隔构件处及变形缝处穿过，或风道的垂直管与每层水平管分支的交接处时都应安装防火阀。

防火阀是借助易熔合金的温度控制，利用重力作用和弹簧机构的作用，在火灾时关闭阀门的。新型产品中亦有利用记忆合金产生形变使阀门关闭的。火灾时，火焰侵入风管，高温使阀门上的易熔合金熔解，或记忆合金产生形变，阀门自动关闭，其工作原理如图 5-12 所示。

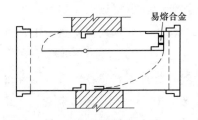

图 5-12　防火阀的工作原理

防火阀一般由阀体、叶片、执行机构和温感器等部件组成，如图 5-13 所示。

防火阀的阀门关闭驱动方式有重力式、弹簧力驱动式（或称电磁式）、电机驱动式及气动驱动式等四种。常用的防火阀有重力式

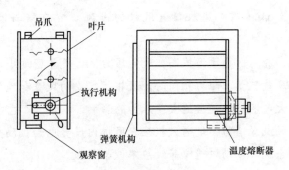

图 5-13　防火阀构造示意图（一）

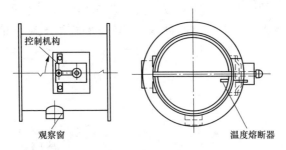

图 5-13　防火阀构造示意图（二）

防火阀、弹簧式防火阀、弹簧式防火调节阀、防火风口、气动式防火阀、电动防火阀、电子自控防烟防火阀。图 5-14 所示为重力式圆形单板防火阀，图 5-15 所示为弹簧式圆形防火阀。

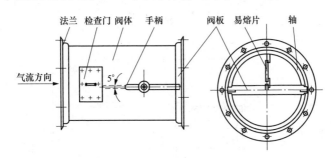

图 5-14　重力式圆形单板防火阀

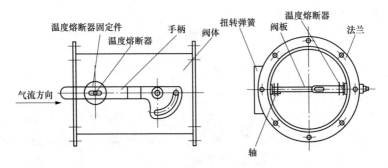

图 5-15　弹簧式圆形防火阀

（2）排烟防火阀。排烟防火阀安装在机械排烟系统的管道上。它的主要作用是在火灾时控制排烟口或管道的开通或关断，以保证排烟系统的正常工作，阻止超过 280℃ 的高温烟气进入排烟管道以保护排烟风机和排烟管道。排烟防火阀的构造如图 5-16 和图 5-17 所示。

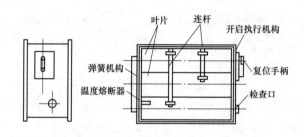

图 5-16　排烟防火阀

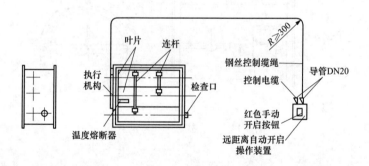

图 5-17　远程排烟防火阀

（3）防火调节阀。防火调节阀是防火阀的一种，平时处于常开状态，阀门叶片可在 0°～90° 内手动调节，当气流温度达到 70℃ 时，温度熔断器动作，阀门关闭；也可手动关闭或手动复位。阀门关闭后可发出电信号至消防控制中心。其构造如图 5-18 所示。防火风口示意图如图 5-19 所示。

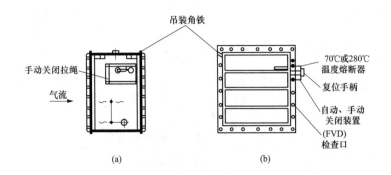

图 5-18　防火调节阀结构示意图

（a）示意图一；（b）示意图二

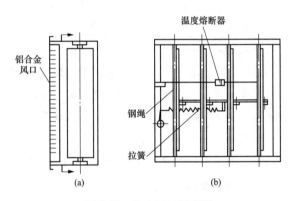

图 5-19　防火风口示意图

（a）示意图一；（b）示意图二

问 173　**什么是排烟阀？**

排烟阀由叶片、开启执行机构、弹簧机构连杆、复位手柄、检查口等组成，如图 5-20 所示。其安装在机械排烟系统各支管端部（烟气吸入口）处，平时呈关闭状态并满足漏风量要求，发生火灾或需要排烟时手动和电动打开后，起排烟作用的一种阀门。带有装饰口或进行过装饰处理的阀门称为排烟口。

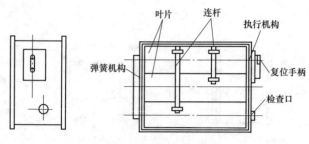

图 5-20 排烟阀示意图

| 问 174 | 什么是排烟口？ |

排烟口安装在烟气吸入口处，平时处于关闭状态，发生火灾时根据火灾烟气扩散蔓延情况打开相关区域的一种排烟出口。开启动作可分为手动或自动，手动又分为就地操作和远距离操作两种。自动也可分有烟（温）感电信号联动和温度熔断器动作两种。排烟口动作后，可通过手动复位装置或更换温度熔断器予以复位，以便重复使用。排烟口按结构形式可分为有板式排烟口和多叶排烟口两种，按开口形状可分为矩形排烟口和圆形排烟口。

（1）板式排烟口。板式排烟口由电磁铁、阀门、微动开关、叶片等组成。板式排烟口应用在建筑物的墙上或顶板上，也可直接安装在排烟风道上。火灾发生时，操作装置在控制中心输出的DC 24V电源或手动作用下将排烟口打开进行排烟。排烟口打开时输出电信号，可与消防系统或其他设备连锁；排烟完毕后需要手动复位。在人工手动无法复位的场合，可以采用通过全自动装置进行复位。图 5-21 为带手动控制装置的板式排烟口。

（2）多叶排烟口。多叶排烟口内部为排烟阀门，外部为铝合金格栅，如图 5-22 所示。多叶排烟口用于建筑物的过道、无窗房间的排烟系统上，安装在墙上或顶板上。火灾发生时，通过控制中心DC 24V电源或手动使阀门打开进行排烟。

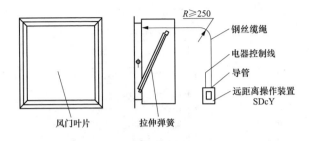

图 5-21　带手动板式排烟口结构示意图

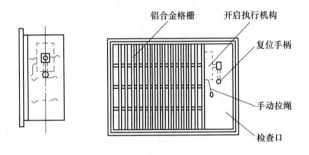

图 5-22　多叶排烟口示意图

问 175　什么是加压送风口？

　　加压送风口用于建筑物的防烟前室，安装在墙上，平时处于常闭状态。火灾发生时，通过电源 DC 24V 或手动使阀门打开，根据系统的功能为防烟前室送风，多叶式加压送风口的外形和结构与多叶式排烟口相同，图 5-23 为多叶加压送风口。楼梯间的加压送风口，一般采用常开的形式，采用普通百叶风口或自垂式百叶风口。

问 176　什么是余压阀？

　　余压阀是为了维持一定的加压空间静压、实现其正压的无能耗

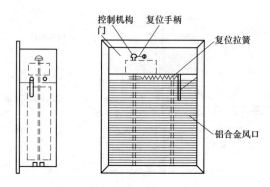

图 5-23 多叶加压送风口示意图

自动控制而设置的设备，它是一个单向开启的风量调节装置，按静压差来调整开启度，用重锤的位置来平衡风压，如图 5-24 所示。一般在楼梯间与前室和前室与走道之间的隔墙上设置余压阀。这样空气通过余压阀从楼梯间送入前室，当前室超压时，空气再从余压阀漏到走道，使楼梯间和前室能维持各自的压力。

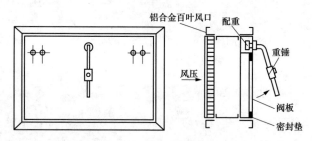

图 5-24 余压阀示意图

问 177　什么是挡烟垂壁？

　　挡烟垂壁是指安装在吊顶或楼板下或隐藏在吊顶内，火灾时能够阻止烟和热气体水平流动的垂直分隔物。挡烟垂壁主要用来划分防烟分区，由夹丝玻璃、不锈钢、挡烟布、铝合金等不燃材料制成，并配以电控装置。挡烟垂壁按活动方式可分为卷帘式挡烟垂壁和翻板式挡烟垂壁两种。

根据挡烟垂壁的材质不同可将常用的挡烟垂壁分为以下几种。

（1）夹丝防火玻璃型挡烟垂壁。夹丝防火玻璃挡烟垂壁又称安全玻璃，玻璃中间镶有钢丝。它最大的特点就是当其遇到外力冲击破碎时，破碎的玻璃不会脱落或整个垮塌而伤人，因而具有很强的安全性。

（2）单片防火玻璃型挡烟垂壁。单片防火玻璃是一种单层玻璃构造的防火玻璃。在一定的时间内能保持耐火完整性、阻断迎火面的明火及有毒、有害气体，但不具备隔温绝热功效。单片防火玻璃型挡烟垂壁一个最大的特点就是美观，其广泛地使用在人流、物流不大，但对装饰的要求很高的场所，如高档酒店、会议中心、文化中心、高档写字楼等，其缺点就是挡烟垂壁遇到外力冲击发生意外时，整个挡烟垂壁会发生垮塌而击伤下方的人员或击毁设备。

（3）双层夹胶玻璃型挡烟垂壁。双层夹胶防火玻璃型是综合了单片防火玻璃型和夹丝防火玻璃型的优点的一种挡烟垂壁。它是由两层单片防火玻璃中间夹一层无机防火胶制成的。既有单片防火玻璃型的美观度又有夹丝防火玻璃型的安全性，是一种比较完美的固定式挡烟垂壁，但其造价较高。

（4）板型挡烟垂壁。板型挡烟垂壁用涂碳金刚砂板等不燃材料制成。造价低，使用范围主要是车间、地下车库、设备间等对美观要求较低的场所。

（5）挡烟布型挡烟垂壁。挡烟布是以耐高温玻璃纤维布为基材，经有机硅橡胶压延或刮涂而成，是一种高性能，多用途的复合材料。挡烟布型挡烟垂壁的使用场所和板型挡烟垂壁的场所基本相同，价格也基本相同。

问 178　　什么是挡烟窗？

排烟窗是在火灾发生后，能够通过手动打开或通过火灾自动报警系统联动控制自动打开，将建筑火灾中热烟气有效排出的装置。排烟窗分为自动排烟窗和手动排烟窗。自动排烟窗与火灾自动报警系统联动或可远距离控制打开，手动排烟窗火灾时靠人员就地开启。

用于高层建筑物中的自动排烟窗由窗扇、窗框和安装在窗扇、窗框上的自动开启装置组成。开启装置由开启器、报警器和电磁插销等主要部件构成。自动排烟窗能在火灾发生后的自动开启，并在60s内达到设计的开启角度，起到及时排放火灾烟气、保护高层建筑的重要作用。

问 179 各种防排烟设施如何进行联动控制？

（1）送风口和排烟口的控制。送风口和排烟口的控制基本相同，这里以最常用的板式排烟口及多叶排烟口的控制为例进行介绍。

1）多叶排烟口。多叶排烟口平时关闭，火灾发生时自动开启。装置接到感烟（温）探测器通过控制盘或远距离操纵系统输入的电信号（DC 24V）后，电磁铁线圈通电，多叶排烟口打开，手动开启为就地手动拉绳使阀门开启。阀门打开后，其联动开关接通信号回路，可向控制室返回阀门已开启的信号或联动开启排烟风机。在执行机构的电路中，当烟气温度达280℃时，熔断器动作，排烟口立即关闭。当温度熔断器更换后，阀门可手动复位。

2）板式排烟口。板式排烟口平时关闭，火灾发生时自动开启。火灾发生时，自动开启装置接到感烟（温）探测器通过控制盘或远距离操纵系统输入的电信号（DC 24V）后，电磁铁线圈通电，动铁芯吸合，通过杠杆作用使圈绕在滚筒上的钢丝绳释放，于是叶片被打开，同时微动开关动作，切断电磁铁电源，并将阀门开启动作显示线接点接通，将信号返回控制盘并联动启动风机。

（2）排烟防火阀的联动控制。排烟防火阀用在单独设置的排烟系统时，其平时关闭，火灾时自动开启。当联动的烟（温）探测器将火灾信号输送到消防控制中心的控制盘上后，由控制盘再将火灾信号输入到自动开启装置。接收火灾信号后，电磁铁线圈通电，动铁芯吸合，使动铁芯挂钩与阀门叶片旋转轴挂钩脱开，阀门叶片受弹簧力作用迅速开启，同时微动开关动作，切断电磁铁电源，并接通阀门关闭显示线接点，将阀门开启信号返回控制盘，联动通风、空调机停止运行，排烟风机启动。温度熔断器安装在阀体的另一侧，熔断片设在阀门叶片的迎风侧，当管道内烟气温度上升到280℃时，温度熔断片熔断，阀门叶片受弹簧力作用而迅速关闭，同时微动开关动作，显示线同样发出关闭信号至消防控制中心，同时联动关闭排烟风机。

问 180　挡烟垂壁如何进行联动控制？

由电磁线圈及弹簧锁等组成翻板式挡烟垂壁锁，平时用它将防烟垂壁锁在吊顶中。火灾时可通过自动控制或手柄操作使垂壁降下。火灾时从感烟探测器或联动控制盘发来电信号（DC 24V），电磁线圈通电把弹簧锁的销子拉进去，开锁后挡烟垂壁由于重力的作用靠滚珠的滑动而落下，下垂到90°至挡烟工作位置。另外，当系统断电时，挡烟垂壁能自动下降至挡烟工作位置。手动控制时，操作手动杆也可使弹簧锁的销子拉回开锁，挡烟垂壁落下。把挡烟垂壁升回原来的位置即可复原。

问 181　排烟窗如何进行联动控制？

排烟窗平时关闭，并用排烟窗锁（或插销）锁住。当发生火灾时可自动或手动将排烟窗打开。自动控制：火灾发生时，感烟探测器或联动控制盘发来的指令信号将电磁线圈接通，弹簧锁的锁头偏移，利用排烟窗的重力打开排烟窗。手动控制：火灾发生时，将操作手柄扳倒，弹簧锁的锁头偏移而打开排烟窗。

问 182   防排烟管道安装有哪些要求?

（1）风管的吊装。风管吊装前应检查各支架安装位置、标高是否正确、牢固，应清除内、外杂物，并做好清洁和保护工作。根据施工方案确定的吊装方法（整体吊装或分节吊装，一般情况下风管的安装多采用现场地面组装，再用分段吊装的方法），按照先干管后支管的安装程序进行吊装。吊装可用滑轮、麻绳起吊，滑轮一般挂在梁、柱的节点上，或挂在屋架上。

具体安装步骤：根据现场的具体情况，挂好滑轮，穿上麻绳，风管绑扎牢固后即可起吊。当风管离地 200～300mm 时，停止起吊，检查滑轮的受力点和所绑扎的麻绳、绳扣是否牢固，风管的重心是否正确。当检查没问题后，再继续起吊到安装高度，把风管放在支、吊架上，并加以稳固后方可解开绳扣。水平管段吊装就位后，用托架的衬垫、吊架的吊杆螺栓找平，然后用拉线、水平尺和吊线的方法来检查风管是否满足水平和垂直的要求，符合要求后即可固定牢固，然后进行分支管或立管的安装。

（2）风管安装的要求。

1）风管（道）的规格、安装位置、标高、走向应符合设计要求，现场安装风管时，不得缩小接孔的有效截面积。

2）风管的连接应平直、不扭曲。明装风管水平安装时，水平度的允许偏差为 3/1000，总偏差不应大于 20mm。明装风管垂直安装时，垂直度的允许偏差为 2/1000，总偏差不应大于 20mm。暗装风管的位置应正确、无明显偏差。

3）风管沿墙安装时，管壁到墙面至少保留 150mm 的距离，以方便拧紧法兰螺钉。

4）风管的纵向闭合缝要求交错布置，且不得置于风管底部。

5）风管与配件的可拆卸接口不得置于墙、楼板和屋面内。

6）无机玻璃钢风管安装时不得碰撞和扭曲，以防树脂破裂、脱落及分层。

7）风管与砖、混凝土风道的连接口，应顺着气流方向插入，并应采取密封措施。

8）风管与风机的连接宜采用不燃材料的柔性连接。柔性短管的安装，应松紧适度，无明显扭曲。

9）风管穿越隔墙时，风管与隔墙之间的空隙，应采用水泥砂浆等非燃材料严密填塞。

10）风管法兰的连接应平行、严密，用螺栓紧固，螺栓露出长度一致，同一管段的法兰螺母应在同一侧。风管法兰的垫片材质应符合系统功能的要求，厚度不应小于 3mm。垫片不应嵌入管内，亦不宜突出法兰外。

11）排烟风管的隔热层应采用厚度不小于 40mm 的绝热材料（如矿棉、岩棉、硅酸铝等）。

12）送风口、排烟阀（口）与风管（道）的连接应严密、牢固。

问 183 **防排烟系统的阀门和风口安装有哪些要求？**

（1）防火阀、排烟防火阀的安装。防火阀要保证在火灾发生时能起到关闭和停机的作用。防火阀有水平安装、垂直安装和左式、右式安装之分，安装时不能弄错，否则将造成不必要的损失。为防止防火阀易熔件脱落，易熔件应在系统安装后再装。安装时严格按照所要求的方向安装，以使阀板的开启方向为逆气流方向，易熔片处于来流一侧。外壳的厚度不小于 2mm，以防止火灾时变形导致防火阀失效。转动部件转动灵活，并且应采用耐腐蚀材料制作，如黄铜、青铜、不锈钢等金属材料。防火阀应有单独的支吊架，不能让风管承受防火阀的重量。防火阀门在吊顶和墙内侧安装时要留出检查开闭状态和进行手动复位的操作空间，阀门的操作机构一侧应有 200mm 的净空间。防火阀安装完毕后，应能通过阀体标识，判断阀门的开闭状态。

风管垂直或水平穿越防火分区以及穿越变形缝时，都应安装防火阀，其形式如图 5-25～图 5-27 所示。风管穿过墙体或楼板时，先用防火泥封堵，再用水泥砂浆抹面，以达到密封的作用。

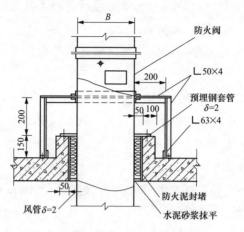

图 5-25　楼板处防火阀的安装

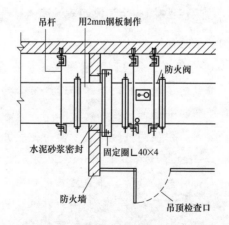

图 5-26　穿防火墙处防火阀的安装

排烟防火阀是用来在烟气温度达到 280℃时切断排烟并连锁关闭排烟风机的，它安装在排烟风机的进口处。排烟防火阀与防火阀

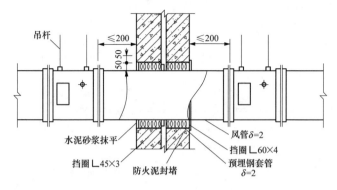

吊杆　≤200　≤200

50 50

水泥砂浆抹平　　风管δ=2
挡圈∟45×3　　挡圈∟60×4
防火泥封堵　　预埋钢套管δ=2

图 5-27　变形缝处防火阀的安装

只是功能和安装位置不同，安装的方式基本相同。

防火阀和排烟防火阀安装的方向、位置应正确；手动和电动装置应灵活、可靠，阀板关闭应保持严密。防火阀直径或长边尺寸大于或等于 630mm 时，应设独立支、吊架。

（2）排烟风口的安装。排烟风口有多叶排烟口和板式排烟口，它们既可以直接安装在排烟管道上，也可以安装在墙壁上与排烟竖井相连。

多叶排烟口的铝合金百叶风口可以拆卸。安装在风管上时，先取下铝合金百叶风口，用螺栓、自攻螺钉将阀体固定在连接法兰上，然后将铝合金百叶风口安装到位，如图 5-28 所示。多叶排烟口安装在排烟井壁上时，先取下铝合金百叶风口，用自攻螺钉将阀体固定在预埋在墙体内的安装框上，然后装上铝合金百叶风口，如图 5-29 所示。

板式排烟口在吊顶安装时，排烟管道安装底标高距吊顶面大于250mm。进行安装时，首先将排烟口的内法兰安装在短管内。定好位后用铆钉固定，然后将排烟口装入短管内，用螺栓和螺母固定，也可以用自攻螺钉把排烟口外框固定在短管上，如图 5-30 所示。板式排烟口安装在排烟竖井上时，也是用自攻螺钉将阀体固定在预埋在墙体内的安装框上的，如图 5-31 所示。

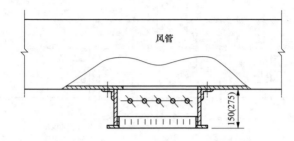

图 5-28　多叶排烟口在排烟风管上的安装

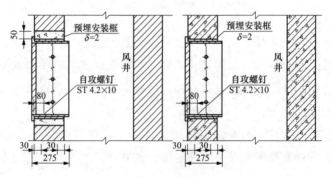

图 5-29　多叶排烟口在排烟竖井上的安装

排烟口安装应注意的事项：

1）排烟口及手控装置（包括预埋导管）的位置应符合设计要求。

2）排烟口安装后应做动作试验，手动、电动操作应灵活、可靠、阀板关闭时应严密。

3）排烟口的安装位置应符合设计要求，并应固定牢靠，表面平整、不变形、调节灵活。

4）排烟口距可燃物或可燃构件的距离不应小于 1.5m。

5）排烟口的手动驱动装置应设在明显可见且便于操作的位置，距地面 1.3～1.5m。预埋管不应有死弯、瘪陷，手动驱动装置操作

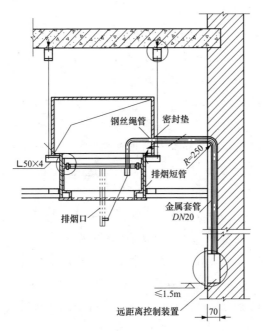

图 5-30 板式排烟口在吊顶上的安装

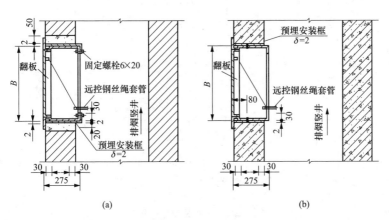

(a)   (b)

图 5-31 板式排烟口在排烟竖井上的安装

（a）示意图一；（b）示意图二

应灵活。

6）排烟口与管道的连接应严密、牢固，与装饰面相紧贴；表面平整、不变形。同一厅室、房间内的相同排烟口的安装高度应一致，排列应整齐。

（3）加压送风口的安装。加压送风口用于建筑物的防烟前室，安装在墙上，平时常闭。火灾发生时，通过电源 DC 24V 或手动使阀门打开，根据系统的功能为防烟前室送风。用于楼梯间的加压送风口，一般采用常开的形式，采用普通百叶风口或自垂式百叶风口。

加压前室安装的多叶加压送风口，安装在加压送风井壁上，安装方式与多叶排烟口相同，详见图 5-29 所示，前室若采用常闭的加压送风口，其中都有一个执行装置，楼梯间安装的自垂式加压送风口，是用自攻螺钉将风口固定在预埋安装框上的，如图 5-32 所示。楼梯间的普通百叶风口安装方式与自垂式加压送风口的安装方式相同。

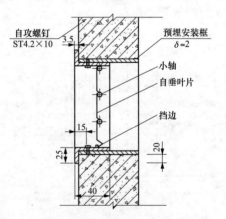

图 5-32 自垂式加压送风口

送风口的安装位置应符合设计要求，并应固定牢靠，表面平整、不变形，调节灵活。常闭送风口的手动驱动装置应设在便于操作的位置，预埋套管不得有死弯及瘪陷，手动驱动装置操作应灵活。手动开启装置应固定安装在距楼地面 1.3～1.5m 之间，并应明显可见。

问 184 防排烟系统的防排烟风机安装有哪些要求？

在工程中防排烟风机主要有在屋顶的钢筋混凝土基础上安装、屋顶钢架基础上安装和在楼板下吊装三种形式，如图 5-33～图 5-35 所示。

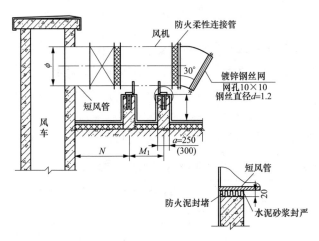

图 5-33 屋顶防排烟风机在钢筋混凝土基础安装

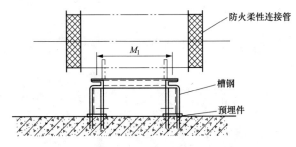

图 5-34 屋顶防排烟风机在钢架基础安装

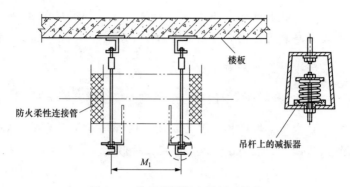

图 5-35　防排烟风机在楼板下吊装

防排烟风机安装应满足如下要求：

（1）防排烟风机的安装，偏差应满足表 5-3 的要求。

（2）安装防排烟风机的钢支、吊架，其结构形式和外形尺寸应符合设计或设备技术文件的规定，焊接应牢固，焊缝应饱满、均匀，支架制作安装完毕后不得有扭曲现象。

表 5-3　　　　　　　　防排烟风机安装的允许偏差

项次	项目		允许偏差	检验方法
1	中心线的平面位移		10mm	经纬仪或拉线和尺量检测
2	标高		±10mm	水准仪或水平仪、直尺、拉线和尺量检测
3	带轮轮宽中心平面偏移		1mm	在主、从动带轮端面拉线和尺量检查
4	传动轴水平度		纵向 0.2/1000 横向 0.3/1000	在轴或带轮 0° 和 180° 的两个位置上，用水平仪检查
5	联轴器	两轴心径向位移	0.05mm	在联轴器互相垂直的四个位置上，用百分表检查
		两轴线倾斜	0.2/1000	

（3）防排烟风机进出口应采用柔性短管与风管相连。柔性短管必须采用不燃材料制作。柔性短管长度一般为 150～250m，应留有 20～25mm 的搭接量。

（4）离心式风机出口应顺叶轮旋转方向接出弯管。如果受现场条件限制达不到要求，应在弯管内设导流叶片。

（5）单独设置的防排烟风机，在混凝土或钢架基础上安装时可不设减振装置；若排烟系统与通风空调系统共用时需要设置减振装置。

（6）风机与电动机的传动装置外露部分应安装防护罩。风机的吸入口、排出口直通大气时，应加装保护网或其他安全装置。

（7）风机外壳至墙壁或其他设备的距离不应小于600mm。

（8）排烟风机宜设在该系统最高排烟口之上，且与正压送风系统的吸气口两者边缘的水平距离不应少于10m，或吸气口必须低于排烟口3m。不允将排烟风机设在封闭的吊顶内。

（9）排烟风机宜设置机房，机房与相邻部位应采用耐火极限不低于2h的隔墙、1h的楼板和甲级防火门隔开。

（10）设置在屋顶的送、排风机、阀门不能日晒雨淋，应当设置避挡防护设施。

（11）固定防排烟风机的地脚螺栓应拧紧，并有防松动措施。

问185 防排烟系统的其他设施安装有哪些要求？

（1）挡烟垂壁。挡烟垂壁的安装应满足如下要求：

1）型号、规格、下垂的长度和安装位置应符合设计要求。

2）活动挡烟垂壁与建筑结构（柱或墙）面的缝隙不应大于60mm，由两块或两块以上的挡烟垂帘组成的连续性挡烟垂壁，各块之间不应有缝隙，搭接宽度不应小于100mm。

3）活动挡烟垂壁的手动操作装置应固定安装在距楼地面1.3～1.5m之间，且便于操作、明显可见。

（2）排烟窗。排烟窗的安装应满足下列要求：

1）型号、规格和安装位置应符合设计要求。

2）手动开启装置应固定安装在距楼地面1.3～1.5m之间，且

211

便于操作并明显可见。

3）自动排烟窗的驱动装置应灵活、可靠。

第六节　防火门、防火卷帘门系统及联动控制

问 186　什么是防火门系统?

防火门、防火窗是建筑物防火分隔的措施之一，一般用在防火墙上、楼梯间出入口或管井开口部位，要求能隔烟、防火。防火门、防火窗对防止烟、火的扩散及蔓延及减少火灾损失起重要作用。

防火门按其耐火极限分甲、乙、丙三级，其最低耐火极限为甲级防火门 1.2h、乙级防火门 0.9h、丙级防火门 0.6h。按其燃烧性能分，可以分为非燃烧体防火门和难燃烧体防火门两类。

问 187　电动防火门的控制要求有哪些?

（1）重点保护建筑中的电动防火门应在现场自动关闭，不宜在消防控制室集中控制（包括手动或者自动控制）。

（2）防火门两侧应设置专用感烟探测器组成控制电路。

（3）防火门宜选用平时不耗电的释放器，并且宜暗设。

（4）防火门关闭后，应有关闭信号反馈到区控盘或消防中心控制室。

如图 5-36 所示为防火门设置，S1～S4 为感烟探测器，FM1～FM3 为防火门。当 S1 动作后，FM1 应自动关闭；当 S2 或 S3 动作后，FM2 应自动关闭；当 S4 动作后，FM3 应自动关闭。

电动防火门的作用就在于防烟与防火。防火门在建筑中的状态是：正常（无火灾）时，防火门处于开启状态；火灾发生时受控关闭，关闭之后仍可通行。防火门的控制就是在火灾发生时控制其关闭，其控制方式可由现场感烟探测器控制，也可以通过消防控制中

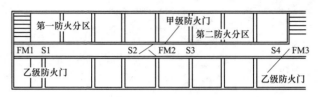

图 5-36　防火门的设置

心控制，还可以手动控制。防火门的工作方式有两种：平时不通电，火灾发生时通电关闭；平时通电，火灾发生时断电关闭。

问 188　什么是防火卷帘门系统及联动控制？

建筑物的敞开电梯厅和一些公共建筑由于面积过大，超过了防火分区最大允许面积的规定（如百货楼的营业厅、展览楼的展览厅等），考虑到使用上的需要，可以采取较为灵活的防火处理方法。如设置防火墙或防火门有困难时，可以设防火卷帘。

防火卷帘一般设置在建筑物防火分区的通道口外，以形成门帘式防火分隔。火灾发生时，防火卷帘根据消防控制中心联动信号（或火灾探测器信号）指令，也可以就地手动操作控制，使卷帘首先下降至预定点；经一定延时之后，卷帘降至地面，从而达到人员紧急疏散、灾区隔烟、隔火以及控制火势蔓延的目的。

第六章

建筑电气防火

第一节　消防电源及其配电系统

问 189　什么是安全电压?

安全电压指的是为防止触电事故而采用的 50V 以下特定电源供电的电压系列,分为 42V、36V、24V、12V 和 6V 五个等级,按照不同的作业条件,选用不同的安全电压等级。建筑施工现场常用的安全电压有 12V、24V、36V。下列特殊场所必须采用安全电压供电照明。

(1) 室内灯具离地面低于 2.4m,手持照明灯具,一般潮湿作业场所(地下室、潮湿室内、潮湿楼梯、人防工程、隧道以及有高温、导电灰尘等)的照明,电源电压应不大于 36V。

(2) 在潮湿和易触及带电体场所的照明电源电压,应不大于 24V。

(3) 在特别潮湿的场所,锅炉或金属容器内,导电良好的地面使用手持照明灯具等,照明电源电压不得超过 12V。

问 190　施工现场临时用电如何进行档案管理?

(1) 施工现场临时用电必须建立安全技术档案,并应包括下列内容。

1) 用电组织设计的全部资料。

2) 修改用电组织设计的资料。

3) 用电技术交底资料。

4) 用电工程检查验收表。

5）电气设备的试、检验凭单和调试记录。

6）接地电阻、绝缘电阻和漏电保护器漏电动作参数测定记录表。

7）定期检（复）查表。

8）电工安装、巡检、维修、拆除工作记录。

（2）安全技术档案应由主管该现场的电气技术人员负责建立与管理。其中"电工安装、巡检、维修、拆除工作记录"可指定电工代管，每周由项目经理审核认可，并应在临时用电工程拆除后统一归档。

（3）临时用电工程应定期检查。定期检查时，应复查接地电阻值和绝缘电阻值。检查周期最长可为：施工现场每月一次，基层公司每季一次。

（4）临时用电工程定期检查应按分部、分项工程进行，对安全隐患必须及时处理，并应履行复查验收手续。

问 191　消防电源如何进行负荷分级？

（1）电力负荷应根据对供电可靠性的要求及中断供电在对人身安全、经济损失上所造成的影响程度进行分级，并应符合下列规定：

1）符合下列情况之一时，应视为一级负荷：①中断供电将造成人身伤害时；②中断供电将在经济上造成重大损失时；③中断供电将影响重要用电单位的正常工作。

2）在一级负荷中，当中断供电将造成人员伤亡或重大设备损坏或发生中毒、爆炸和火灾等情况的负荷，以及特别重要场所的不允许中断供电的负荷，应视为一级负荷中特别重要的负荷。

3）符合下列情况之一时，应视为二级负荷：①中断供电将在经济上造成较大损失时；②中断供电将影响重要用电单位的正常工作。

4）不属于一级和二级负荷者应为三级负荷。

（2）一级负荷应由双重电源供电，当一电源发生故障时，另一电源不应同时受到损坏。

（3）一级负荷中特别重要的负荷供电，应符合下列要求。

1）除应由双重电源供电外，尚应增设应急电源，并严禁将其他负荷接入应急供电系统。

2）设备的供电电源的切换时间，应满足设备允许中断供电的要求。

（4）二级负荷的供电系统，宜由两回线路供电。在负荷较小或地区供电条件困难时，二级负荷可由一回 6kV 及以上专用的架空线路供电。

问 192 消防用电设备的电源有哪些要求？

（1）下列建筑物的消防用电应按一级负荷供电。

1）建筑高度大于 50m 的乙、丙类厂房和丙类仓库。

2）一类高层民用建筑。

（2）下列建筑物、储罐（区）和堆场的消防用电应按二级负荷供电。

1）室外消防用水量大于 30L/s 的厂房（仓库）。

2）室外消防用水量大于 35L/s 的可燃材料堆场、可燃气体储罐（区）和甲、乙类液体储罐（区）。

3）粮食仓库及粮食筒仓。

4）二类高层民用建筑。

5）座位数超过 1500 个的电影院、剧场。座位数超过 3000 个的体育馆，任一层建筑面积大于 $3000m^2$ 的商店和展览建筑，省（市）级及以上的广播电视、电信和财贸金融建筑，室外消防用水量大于 25L/s 的其他公共建筑。

（3）除上述（1）、（2）规定外的建筑物、储罐（区）和堆场等的消防用电，可按三级负荷供电。

（4）消防用电按一、二级负荷供电的建筑，当采用自备发电设备作备用电源时，自备发电设备应设置自动和手动启动装置。当采用自动启动方式时，应能保证在30s内供电。

不同级别负荷的供电电源应符合GB 50052—2009《供配电系统设计规范》的规定。

问193 消防电源系统由哪些部分组成？

向消防用电设备供给电能的独立电源称为消防电源。工业建筑、民用建筑、地下工程中的消防控制室、消防水泵、消防电梯、防排烟设施、火灾自动报警、自动灭火系统、应急照明、疏散指示标志和电动的防火门、卷帘门、阀门等消防设备用电的电源，都应该按照GB 50052—2009《供配电系统设计规范》、GB 50054—2011《低压配电设计规范》的规定设计。

若消防用电设备完全依靠城市电网供给电能，火灾发生时一旦失电，则势必影响早期报警、安全疏散和自动（或手动）灭火操作，甚至造成极为严重的人身伤亡和财产损失。因此，建筑电气设计中，必须认真考虑火灾消防用电设备的电能连续供给问题。如图6-1所示为一个典型的消防电源系统方框图，由电源、配电部分和消防用电设备三部分组成。

1. 电源

电源是将其他形式的能量（如机械能、化学能、核能等）转换成电能的装置。消防电源往往由几个不同用途的独立电源以一定的方式互相连接起来，构成一个电力网络进行供电，这样可以提高供电的可靠性和经济性。为了分析方便，一般可按照供电范围和时间的不同把消防电源分为主电源和应急电源两类。主电源指电力系统电源，应急电源可由自备柴油发电机组或蓄电池组担任。对于停电时间要求特别严格的消防用电设备，还可采用不间断电源（UPS）

进行连续供电。此外，在火灾应急照明或疏散指示标志的光源处，需要获得交流电时，可增加把蓄电池直流电变为交流电的逆变器。

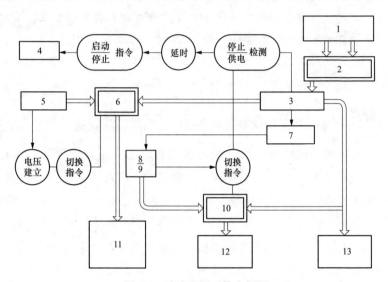

图 6-1　消防电源系统方框图

1—双回路电源；2—高压切换开关；3—低压变配电装置；4—柴油机；
5—交流发电机；6、10—应急电源切换开关；7—充电装置；8—蓄电池；
9—逆变器；11—消防动力设备（消防泵、消防电梯等）；
12—应急事故照明与疏散指示标志；13—一般动力照明

消防用电设备如果完全依靠城市电网供给电能，火灾发生时一旦失电，势必给早期火灾报警、消防安全疏散、消防设备的自动和手动操作带来危害，甚至造成极为严重的人身伤亡和财产损失。这样的教训国内外皆有之，教训深刻，不可疏忽。所以，在进行电源设计时，必须认真考虑火灾发生时消防用电设备的电能连续供给问题。

2. 配电部分

它是从电源到用电设备的中间环节，其作用是对电源进行保护、监视、分配、转换、控制和向消防用电设备输配电能。配电装置有：变电所内的高低压开关柜、发电机配电屏、动力配电箱、照明分配电箱、应急电源切换开关箱和配电干线与分支线路。配电装置应设在不燃区域内，设在防火分区时要有耐火结构，从电源到消防设备的配电线路，要用绝缘电线穿管埋地敷设，或敷设在电缆竖井中。若明敷时应使用耐火的电缆槽盒。双回路配电线路应在末端配电箱处进行电源切换。值得注意的是，正常供电时切换开关一般长期闲置不用，为防止对切换开关的锈蚀，平时应定期对其维护保养，以确保火灾发生时能正常工作。

3. 消防用电设备

（1）消防用电设备的类型。消防用电设备，又称为消防负荷，可归纳为下面几类。

1）电力拖动设备。如消防水泵、消防电梯、防排烟风机、防火卷帘门等。

2）电气照明设备。如消防控制室、变配电室、消防水泵房、消防电梯前室等处所，火灾时须提供照明灯具；人员聚集的会议厅、观众厅、走廊、疏散楼梯、安全疏散门等火灾时人员聚集和疏散处所的照明和指示标志灯具。

3）火灾报警和警报设备。如火灾探测器、火灾报警控制器、火灾事故广播、消防专用电话、火灾警报装置等。

4）其他用电设备。如应急电源插座等。

（2）消防用电设备的设置要求。自备柴油发电机组通常设置在用电设备附近，这样电能输配距离短，可减少损耗和故障。电源电压多采用 220V/380V，直接供给消防用电设备。只有少数照明才增设照明用控制变压器。

为确保火灾发生时电源不中断，消防电源及其配电系统应具备如下几个特性。

1）可靠性。火灾发生时若供电中断，会使消防用电设备失去作用，贻误灭火战机，给人民的生命和财产带来严重后果，因此，要确保消防电源及其配电线路的可靠性。可靠性是消防电源及其配电系统诸要求中首先应考虑的问题。

2）耐火性。火灾发生时消防电源及其配电系统应具有耐火、耐热、防爆性能，土建方面也应采用耐火材料构造，以保障不间断供电的能力。消防电源及其配电系统的耐火性保障主要是依靠消防设备电气线路的耐火性。

3）安全性。消防电源及其配电系统设计应符合电气安全规程的基本要求，保障人身安全，防止触电事故发生。

4）有效性。消防电源及其配电系统的有效性是要保证规范规定的供电持续时间，确保应急期间消防用电设备的有效获得电能并发挥作用。

5）科学性。在保证消防电源及其配电系统具有可靠性、耐火性、安全性和有效性前提下，还应确保其供电质量，力求系统接线简单，操作方便，投资省，运行费用低。

问 194 消防配电线路应如何敷设？

消防配电线路应满足火灾时连续供电的需要，其敷设应符合下列规定。

（1）明敷时（包括敷设在吊顶内），应穿金属导管或采用封闭式金属槽盒保护，金属导管或封闭式金属槽盒应采取防火保护措施；当采用阻燃或耐火电缆并敷设在电缆井、沟内时，可不穿金属导管或采用封闭式金属槽盒保护；当采用矿物绝缘类不燃性电缆时，可直接明敷。

（2）暗敷时，应穿管并应敷设在不燃性结构内且保护层厚度不应小于30mm。

（3）消防配电线路宜与其他配电线路分开敷设在不同的电缆井、沟内；确有困难需敷设在同一电缆井、沟内时，应分别布置在电缆井、沟的两侧，且消防配电线路应采用矿物绝缘类不燃性电缆。

问 195　消防设备供电系统由哪些部分构成？

对电力负荷集中的高层建筑或一、二级电力负荷（消防负荷），一般采用单电源或双电源的双回路供电方式，用两个 10kV 电源进线和两台变压器构成消防主供电电源。

1. 一类建筑消防供电系统

一类建筑（一级消防负荷）的供电系统如图 6-2 所示。

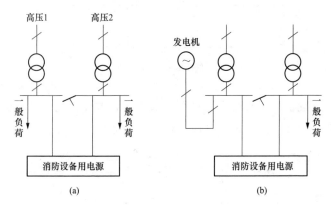

图 6-2　一类建筑消防供电系统

（a）不同电网；（b）同一电网

如图 6-2（a）表示采用不同电网构成双电源，两台变压器互为备用，单母线分段提供消防设备用电源。

如图 6-2（b）表示采用同一电网双回路供电，两台变压器备用，单母线分段，设置柴油发电机组作为应急电源向消防设备供电，与主供电电源互为备用，满足一级负荷要求。

2. 二类建筑消防供电系统

对于二类建筑（二级消防负荷）的供电系统如图 6-3 所示。

如图 6-3（a）表示由外部引来的一路低压电源与本部门电源（自备柴油发电机组）互为备用，供给消防设备电源。

如图 6-3（b）表示双回路供电，可满足二级负荷要求。

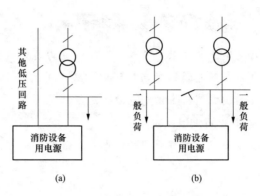

图 6-3　二类建筑消防供电系统

（a）一路为低压电源；（b）双回路电源

消防设备供电系统应能充分保证设备的工作性能，当火灾发生时能充分发挥消防设备的功能，将火灾损失降到最小。

问 196　消防用电设备采用专用供电回路有哪些重要性？

实践中，尽管电源可靠，但如果消防设备的配电线路不可靠，仍不能保证消防用电设备供电可靠性，因此要求消防用电设备采用专用的供电回路，确保生产、生活用电被切断时，仍能保证消防供电。

如果生产、生活用电与消防用电的配电线路采用同一回路，火灾时，可能因电气线路短路或切断生产、生活用电导致消防用电设备不能运行，因此，消防用电设备均应采用专用的供电回路。同时，消防电源宜直接取自建筑内设置的配电室的母线或低压电缆进线，且低压配电系统主接线方案应合理，以保证当切断生产、生活电源时，消防电源不受影响。

对于建筑的低压配电系统主接线方案，目前在国内建筑电气工程中采用的设计方案有不分组设计和分组设计两种。对于不分组方案，常见消防负荷采用专用母线段，但消防负荷与非消防负荷共用同一进线断路器或消防负荷与非消防负荷共用同一进线断路器和同一低压母线段。这种方案主接线简单、造价较低，但使消防负荷受非消防负荷故障的影响较大；对于分组设计方案，消防供电电源是从建筑的变电站低压侧封闭母线处将消防电源分出，形成各自独立的系统，这种方案主接线相对复杂，造价较高，但使消防负荷受非消防负荷故障的影响较小。图 6-4 给出了几种接线方案的示意做法。

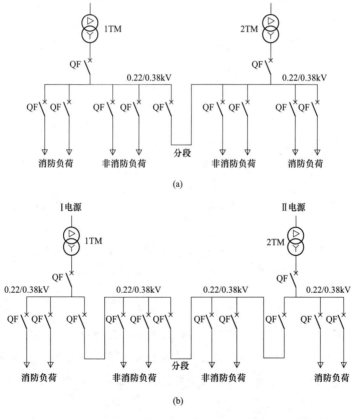

图 6-4　消防用电设备电源在变压器低压出线端设置单独主断路器示意（一）

(a) 负荷不分组设计方案（一）；(b) 负荷不分组设计方案（二）

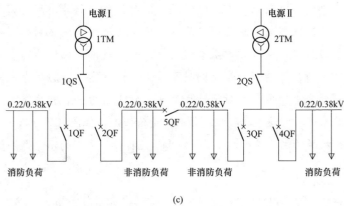

(c)

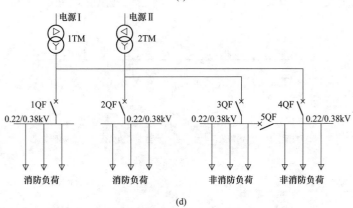

(d)

图 6-4 消防用电设备电源在变压器低压出线端设置单独主断路器示意（二）

（c）负荷分组设计方案（一）；（d）负荷分组设计方案（二）

当采用柴油发电机作为消防设备的备用电源时，要尽量设计独立的供电回路，使电源能直接与消防用电设备连接，参见图 6-5。

供电回路是指从低压总配电室或分配电室至消防设备或消防设备室（如消防水泵房、消防控制室、消防电梯机房等）最末级配电箱的配电线路。

对于消防设备的备用电源，通常有三种：

（1）独立于工作电源的市电回路。

（2）柴油发电机。

（3）应急供电电源（EPS）。

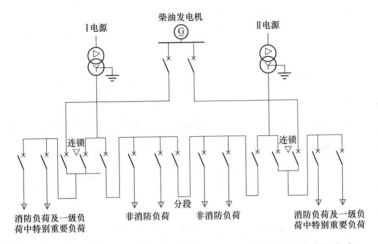

图 6-5　柴油发电机作为消防设备的备用电源的配电系统分组方案

这些备用电源的供电时间和容量，均要求满足各消防用电设备设计持续运行时间最长者的要求。

问 197　为保证供电连续性，消防系统的配电应符合哪些要求？

为保证供电连续性，消防系统的配电应符合如下要求。

（1）消防用电设备的双路电源或双回路供电线路，应在末端配电箱处切换。火灾自动报警系统，应设有主电源和直流备用电源，其主电源应采用消防电源，直流备用电源宜采用火灾报警控制器的专用蓄电池。当直流备用电源采用消防系统集中设置的蓄电池时，火灾报警控制器应采用单独的供电回路，并能保证在消防系统处于最大负载状态下不影响报警控制器的正常工作。消防联动控制装置的直流操作电源电压，应采用 24V。

（2）配电箱到各消防用电设备，宜采用放射式供电。每一个用电设备都应有单独的保护设备。

（3）重要消防用电设备（如消防泵）允许不加过负荷保护。由于消防用电设备总运行时间不长，因此短时间的过负荷对设备危害不大，以争取时间保证顺利灭火。为了在灭火后及时检修，可设置过负荷声光报警信号。

（4）消防电源不宜装漏电保护，如有必要可设单相接地保护装置动作于信号。

（5）消防用电设备、疏散指示灯；设备、火灾事故广播及各层正常电源配电线路均应按防火分区或报警区域分别出线。

（6）所有消防电气设备均应与一般电气设备有明显的区别标志。

问 198　主电源与应急电源连接有哪些要求?

1. 首端切换

主电源与应急电源的首端切换方式如图 6-6 所示。消防负荷各独立馈线分别接向应急母线，集中受电，并以放射式向消防用电设备供电。柴油发电机组向应急母线提供应急电源。应急母线则以一条单独馈线经自动开关（称联络开关）与主电源变电所低压母线相连接。正常情况下，该联络开关是闭合的，消防用电设备经应急母线由主电源供电。当主电源出现故障或因火灾而断开时，主电源低压母线失电，联络开关经延时后自动断开，柴油发电机组经 30s 启动后，仅向应急母线供电，实现首端切换目的并保证消防用电设备的可靠供电。这里联络开关引入延时的目的是为了避免柴油发电机组因瞬间的电压骤降而进行不必要的启动。

这种切换方式下，正常时应急电网实际变成了主电源供电电网的一个组成部分。消防用电设备馈电线在正常情况下和应急时都由一条线完成，节约导线且比较经济。但馈线一旦发生故障，它所连接的消防用电设备则失去电源。另外，由于选择柴油发电机容量时是依消防泵等大电机的启动容量来定的，备用能力较大，应急时只能供应消防电梯、消防泵、事故照明等少量消防负荷，从而造成了柴油发电机组设备利用率低的情况。

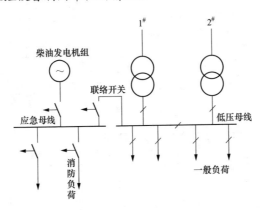

图 6-6　电源的首端切换方式

2. 末端切换

电源的末端切换是指引自应急母线和主电源低压母线的两条各自独立的馈线，在各自末端的事故电源切换箱内实现切换，如图6-7所示。由于各馈线是独立的，因而提高了供电的可靠性，但其馈线数量比首端切换增加了一倍。火灾发生时当主电源切断，柴油发电机组启动供电后，如果应急馈线出现故障，同样有使消防用电设备失电的可能。对于不停电电源装置，由于已经两级切换，两路馈线无论哪一回路出现故障对消防负荷都是可靠的。

应当指出，根据建筑的消防负荷等级及其供电要求必须确定火灾监控系统连锁、联动控制的消防设备相应的电源配电方式，一级和二级消防负荷中的消防设备必须采用主电源与应急电源末端切换方式来配电。

3. 备用电源自动投入装置

当供电网络向消防负荷供电的同时，还应考虑电动机的自启动问题。如果网络能自动投入，但消防泵不能自动启动，仍然无济于

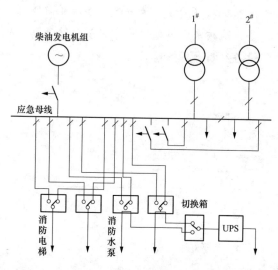

图 6-7　电源的末端切换方式

事。特别是火灾时消防水泵电动机，自启动冲击电流往往会引起应急母线上电压的降低，严重时使电动机达不到应有的转矩，会使继电保护误动作，甚至会使柴油机熄火停车，从而使网络自动化不能实现，达不到火灾发生时应急供电、发挥消防用电设备投入灭火的目的。目前，解决这一问题所用的手段是采用设备用电源自动投入装置（BZT）。

消防规范要求一类、二类消防负荷分别采用双电源、双回路供电。为保障供电可靠性，变配电所常用分段母线供电，BZT 则装在分段断路器上，如图 6-8（a）所示。正常时，分段断路器断开，两段母线分段运行，当其中任一电源故障时，BZT 装置将分段断路器合上，保证另一电源继续供电。当然，BZT 装置也可装在备用电源的断路器上，如图 6-8（b）所示。正常时，备用线路处于明备用状态。当工作线路故障时，备用线路自动投入。

BZT 装置不仅在高压线路中采用，在低压线路中也可以通过自动空气开关或接触器来实现其功能。图 6-9 所示是在双回路放射式

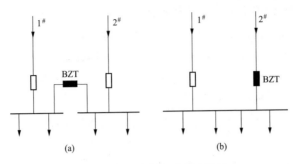

图 6-8 备用电源自动投入装置

(a) 装置一；(b) 装置二

供电线路末端负荷容量较小时，采用交流接触器的 BZT 接线来达到切换要求。图中，自动空气开关 QF1、QF2 作为短路保护用。正常运行中，处于闭合位置；当 1 号电源失电压时，接触器主触点 1C 分断，动断触点闭合，KM2 线圈通电，将 2 号电源自动投入供电。此接线也可通过控制开关 S1 或 S2 进行手动切换电源。

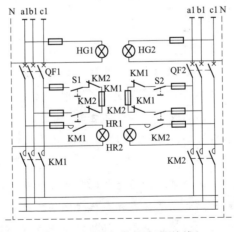

图 6-9 末端切换箱 BZT 接线

必须说明，切换开关的性能对应急电源能否适时投入影响很大。目前，电网供电持续率都比较高，有的地方可达每年只停电数分钟的程度，而供消防用的切换开关常常闲置不用。正因为电网的供电可靠性较高，切换开关就容易被忽视。鉴于此，对切换开关性能应有严格的要求。归纳起来，有下列四点要求。

（1）绝缘性能良好，特别是平时不通电又不常用的部分。

（2）通电性能良好。

（3）切换通断性能可靠，在长期处于不动作的状态下，一旦应急要立即投入。

（4）长期不维修，又能立即工作。

第二节　电力线路及电器装置

问 199　施工现场电气线路的起火原因有哪些？

电气线路（电路）往往由于短路、过负荷、接触电阻过大等原因，产生电火花，电弧或引起电线、电缆过热，从而造成火灾。

电气线路的起火原因如下。

1. 短路

（1）使用绝缘电线、电缆时，没有按具体环境选用，使绝缘受高温、潮湿或腐蚀等作用的影响，失去了绝缘能力。

（2）线路年久失修，绝缘层受损或陈旧老化，使线芯裸露。

（3）电源过电压，使电线绝缘被击穿。

（4）安装、修理人员接错线路，或带电作业时造成人为碰线短路。

（5）裸电线安装过低，搬运金属物件时不慎碰在电线上，线路上有金属物件或小动物跌落，发生电线之间的跨接。

（6）架空线路电线间距太小，挡距过大，电线松弛，有可能发生两线相碰；架空电线与建筑物、树木距离太小，使电线与建筑物或树木接触。

（7）电线机械强度不够，导致电线断落接触大地，或断落在另一根电线上。

（8）未按规程要求私接乱拉，管理不善，维护不当造成短路。

（9）高压架空线路的支持绝缘子耐压程度过低，引起线路的对地短路。

2. 过负荷

（1）导线截面选择不当，实际负载超过了导线的安全载流量。

（2）在线路中接入了过多或功率过大的电气设备，超出了配电线路的负荷能力。

3. 接触电阻过大

（1）安装质量差，造成导线与导线，导线与电气设备衔接点连接不牢。

（2）导线的连接处沾有杂质，如氧化层、油污、泥土等。

（3）连接点由于长期振动或冷热变化，使接头松动。

（4）铜铝混接时，由于接头处理不当，在电腐蚀作用下接触电阻会很快增大。

问 200　如何选择导线类型？

目前，室内配线一般采用橡皮绝缘线和塑料绝缘线；户外用裸铝绞线、裸铜绞线和钢芯铝绞线；电缆则用于有特殊要求的场所。为了避免选型不当，导线必须按使用环境场所的不同认真选用。常用导线的型号及使用场所见表6-1。

表 6-1　　　　常用导线的型号及使用场所

型号	名　称	使用指南
BLX	棉纱纺织、橡皮绝缘线（铝芯）	正常干燥环境
BX	棉纱编织、橡皮绝缘线（铜芯）	
RXS	棉纱编织、橡皮绝缘双绞软线（铜芯）	室内干燥场所，日用电器用
RX	棉纱总编织、橡皮绝缘软线（铜芯）	

续表

型号	名　称	使用指南
BVV	铜芯，聚氯乙烯绝缘，聚氯乙烯护套电线	潮湿和特别潮湿的环境
BLVV	铝芯，聚氯乙烯绝缘，聚氯乙烯护套电线	
BXF	铜芯，氯丁橡皮绝缘电线	多尘环境（不含火灾及爆炸危险尘埃）
BLV	铝芯，聚氯乙烯绝缘电线	
BV	铜芯，聚氯乙烯绝缘电线	有腐蚀性的环境

问 201　如何确定导线截面大小？

导线截面大小应根据导线长期连续负载的允许载流量、线路的允许电压降和导线的机械强度三项基本条件来合理选定。

1. 允许载流量

按允许载流量选择导线截面时，还应根据使用情况来确定：

（1）一台电动机导线的允许载流量（A）大于或等于电动机的额定电流。

（2）多台电动机导线的允许载流量（A）大于或等于容量最大的一台电动机的额定电流加上其余电动机的计算负载电流。

（3）电灯及电热负载导线的允许载流量（A）应大于或等于所有电器额定电流的总和。

同一截面的导线，环境温度不同，允许载流量也不同。环境温度越高，其允许载流能力越低。因此，导线截面经初步确定后，还要根据环境的实际温度加以修正。绝缘导线在不同环境温度时对载流量的修正系数和电力电缆最高允许温度见表 6-2 和表 6-3。

表 6-2　　环境温度对载流量的修正系数

环境温度（℃）	15	20	25	30	35	40	45
修正系数	1.12	1.06	1.00	0.935	0.866	0.791	0.707

表 6-3 电力电缆最高容许温度

电缆种类及额定系数	3kV 及以下		6kV	10kV	20～35kV	
	油浸纸绝缘	橡皮绝缘	油浸纸绝缘	油浸纸绝缘	油浸纸绝缘	空气
电缆芯的最高容许温度（℃）	80	65	65	60	50	80
电缆表面最高容许温度（℃）	60	—	50	45	35	—

2. 允许电压降

在输电过程中，由于线路本身也具有一定的阻抗，通过电流时也会产生电压降即电压损失。电压降过大时，将会造成用电设备性能变差，不能正常工作，甚至可使电动机温过高而烧毁。从变压器低压母线至用电设备进线端的电压降（按用电设备额定电压计）不应超过表 6-4 所列数值。

表 6-4 电路允许电压降 （%）

用电设备种类	允许电压降
电动机正常连续运转	5
电动机个别在较远处	8～10
起重电动机、滑触线供电点	5
电焊机	5
电热设备	5
照明灯具	3

3. 导线的机械强度

导线截面大小的确定还应考虑有足够的机械强度，由于受积雪、风力以及气温过低时导线的收缩力和机械外力等影响，导线会发生断线。其具体要求见表 6-5、表 6-6。

表 6-5　　　　　低压配电线路导线最小允许截面　　　（mm²）

导线的用途及敷设条件	导线最小截面		
	铜芯软线	铜芯绝缘线	铝芯绝缘线
照明用灯头引下线：			
工业厂房	0.5	0.8	2.5
民用建筑	0.4	0.5	2.5
室外	1.0	1.0	2.5
移动式用电设备：			
生活用	0.2		
生产用	1.0		
用绝缘子固定的明敷绝缘导线			
固定间距：1m 以下（室内）		1.0	1.5
（室外）		1.5	2.5
1～2m（室内）		1.0	2.5
（室外）		1.5	2.5
3～6m		2.5	4.0
7～10m		2.5	6.0
25m 及以下（引下线）		4	10.0
接户线（绝缘导线）			
挡距：10m 以下		2.5	4.0
10～25m		4.0	6.0
穿管敷设的绝缘导线	1.0	1.0	2.5
厂区架空线（裸导线）		6.0	16.0

表 6-6　　　　　高压输配电线路最小允许横截面积　　　（mm²）

导线种类	35kV 送电线路	6～10kV 配电线路		1kV
		居民区	非居民区	
铝和铝合金线	35	35	25	16
钢芯铝线	25	25	16	16
铜线	16	16	16	10

注　高压配电线路不准使用单股的铜线、裸铝线和合金线。

问 202 怎样预防电气线路短路？

从短路的形成看短路的原因。

1. 绝缘导线短路的原因

由于绝缘导线的绝缘强度、绝缘性能不符合规定要求；或雷击使电压突然升高而将导线绝缘击穿；或受潮湿、高温、腐蚀作用而使导线的绝缘性能降低；或用金属导线捆扎绝缘导线，把绝缘导线挂在金属物体上，由于日久磨损和生锈腐蚀使绝缘层受到损坏；或由于导线使用时间过长，致使绝缘层受损、陈旧、线芯裸露等。此外，也有因不懂用电常识造成的人为短路。

2. 裸导线发生短路的原因

由于导线安装过低，在搬运较高大的物体时，不慎碰在导线上，或使两根导线碰在一起；线路上的绝缘子、横担等支持物脱落或破损，造成两根或两根以上导线相碰；遇风吹导线摆动造成两线相碰；在线路附近有树木，大风时树枝拍打导线；大风把各种杂物刮挂在导线上；以及倒杆事故等。

由于短路时产生的后果严重，故在供电系统的设计、运行中应设法消除可能引起短路的原因。此外，为了减轻短路的严重后果，避免故障扩大，就需计算短路电流，以便正确地选择和校验各种电气设备，进行继电保护装置的整定电流计算及选用限制短路电流的电器（电抗器）。为了防止正在运行中的电气线路短路，室内布线多使用绝缘导线，绝缘导线的绝缘强度应符合电源电压的要求，电源电压为380V的应采用额定电压为500V的绝缘导线，电源电压为220V的应采用额定电压为250V的绝缘导线。此外，屋内布线还必须符合机械强度和连接方式的要求。

导线类型的选择要根据使用环境确定，一般场所可采用一般绝缘导线，特殊场所应采用特殊绝缘导线，导线选择见表6-7。

表 6-7   不同场所导线的选择

场　　所	导　　线
干燥无尘的场所	一般绝缘导线
潮湿场所	有保护层的绝缘导线，如铅皮线、塑料线，或在钢管内或塑料套管内敷设普通绝缘线
在可燃粉尘和可燃纤维较多的场所	有保护层的绝缘导线
有腐蚀性气体的场所	可采用铅皮线、管子线（钢管涂耐酸漆）、硬塑料管线或塑料线
高温场所	应采用以石棉、瓷管、云母等为绝缘层的耐热线
经常移动的电气设备	软线或软电缆

应当定期用绝缘电阻表（兆欧表）检测绝缘强度；导线绝缘性能必须适应环境要求，同时要正确安装；线路上要按规定安装断路器或熔断器（通常使用的胶盖闸刀开关，一般都和熔断器安装在一起，所以熔断器在线路上是较多的，但要注意熔丝的熔断电流应符合规范要求）。

问 203　　**怎样预防电气线路过负荷？**

（1）要合理规划配电网络和调节负载，做出本区域内的负荷曲线，因为过负荷主要是由导线截面选用过小或负载过大造成的。

（2）不准许乱拉电线和接入过多负载，在原线路设计或新改建线路时要留出足够余量。因为任何电气设备或任何用户，它们的负荷并非是恒定的，电气设备的工作状态有轻有重，或时通时断，其负荷会经常发生变化。

（3）要定期用钳形电流表测量或用计算的方法检查线路的实际负荷情况，定期检查线路的断路器、熔断器的运行情况，严禁使用铁丝、铜丝代替熔断器的熔丝，或更换大容量的保险丝，以保证过负荷时能及时切断电源。

问 204　怎样预防电气线路接触电阻过大？

1. 产生接触电阻过大的原因

（1）导线与导线或导线与电气设备的连接点连接不牢，连接点由于热作用或振动造成接触点松动，接触表面不平整等，均可使电流所通过的截面减少。

（2）不同金属（如铜铝）接触产生电化学腐蚀，使连接处氧化造成电阻率增大等。

2. 接触电阻过大的预防措施

（1）在敷设电气线路时，导线与导线或导线与电气设备的连接，必须可靠、牢固。

（2）经常对运行的线路和设备进行巡视检查，发现接头松动或发热时，应及时紧固或做适当处理。

（3）大截面导线的连接应用焊接法或压接法，铜铝导线相接时宜采用铜铝过渡接头，并在铜铝导线接头处垫锡箔，或在铜线鼻子搪锡再与铝线鼻子连接的方法来减小接触电阻。

（4）在易发生接触电阻过大的部位涂变色漆或安放试温蜡片，以及时发现过热现象等。

问 205　配电箱与开关箱有哪些防火要求？

施工现场临时用电一般采用三级配电方式，即总配电箱（或配电室），下设分配电箱，再以下设开关箱，用电设备在开关箱以下。

配电箱和开关箱的安全防火要求如下：

（1）配电箱、开关箱的箱体材料，一般应选用钢板，也可选用绝缘板，但不宜选用木质材料。

（2）电箱、开关箱应安装端正、牢固，不得歪斜、倒置。

固定式配电箱、开关箱的下底与地面间的垂直距离应大于或等于 1.3m、小于或等于 1.5m；移动式分配电箱、开关箱的下底与地面的垂直距离应大于或等于 0.6m、小于或等于 1.5m。

（3）进入开关箱的电源线，严禁用插销连接。

（4）电箱之间的距离不宜太远。

（5）分配电箱与开关箱的距离不得大于 30m。开关箱与固定式用电设备的水平距离不宜超过 3m。

（6）每台用电设备应有各自专用的开关箱。

施工现场每台用电设备应有各自专用的开关箱，且必须满足"一机一闸一漏"的规定，严禁用同一个开关电器直接控制两台及两台以上用电设备（含插座）。

开关箱中必须设漏电保护器，其额定漏电动作电流应不大于 30mA，漏电动作时间应不大于 0.1s。

（7）所有配电箱门应配锁，不得在配电箱和开关箱内挂接或插接其他临时用电设备，严禁在开关箱内放置杂物。

问 206　配电室有哪些安全防火要求？

（1）配电室应靠近电源，并应设在灰尘少、潮气少、振动小、无腐蚀介质、无易燃易爆物及道路畅通的地方。

（2）成列的配电柜和控制柜两端应与重复接地线及保护零线做电气连接。

（3）配电室和控制室应能自然通风，并应采取防止雨雪侵入和动物进入的措施。

（4）配电室内的母线涂刷有色涂装，以标志相序。以柜正面方向为基准，其涂色符合表 6-8 的规定。

表 6-8　　　　　　　　　　母线涂色

相别	颜色	垂直排列	水平排列	引下排列
L1（A）	黄	上	后	左
L2（B）	绿	中	中	中
L3（C）	红	下	前	右
N	淡蓝	—	—	—

（5）配电室的建筑物和构筑物的耐火等级不低于3级，室内配置砂箱和可用于扑灭电气火灾的灭火器。

（6）配电室的门向外开，并配锁。

（7）配电室的照明分别设置正常照明和事故照明。

（8）配电柜应编号，并应有用途标记。

（9）配电柜或配电线路停电维修时，应挂接地线，并应悬挂"禁止合闸、有人工作"停电标志牌。停送电必须由专人负责。

（10）配电室应保持整洁，不得堆放任何妨碍操作、维修的杂物。

问 207 配电室的安全检查要点有哪些？

（1）配电柜正面的操作通道宽度，单列布置或双列背对背布置不小于1.5m，双列面对面布置不小于2m。

（2）配电柜后面的维护通道宽度，单列布置或双列面对面布置不小于0.8m，双列背对背布置不小于1.5m，个别地点有建筑物结构凸出的地方，则此点通道宽度可减少0.2m。

（3）配电柜侧面的维护通道宽度不小于1m。

（4）配电室的顶棚与地面的距离不低于3m。

（5）配电室内设置值班或检修室时，该室边缘距配电柜的水平距离大于1m，并采取屏障隔离。

（6）配电室内的裸母线与地面垂直距离小于2.5m时，采用遮栏隔离，遮栏下面通道的高度不小于1.9m。

（7）配电室围栏上端与其正上方带电部分的净距不小于0.075m。

（8）配电装置的上端距顶棚不小于0.5m。

（9）配电柜应装设电度表，并应装设电流、电压表。电流表与计费电度表不得共用一组电流互感器。

（10）配电柜应装设电源隔离开关及短路、过载、漏电保护电器。电源隔离开关分断时应有明显的可见分断点。

问208 配电箱及开关箱如何进行安全防火设置？

（1）配电系统应设置配电柜或总配电箱、分配电箱、开关箱，实行三级配电。配电系统宜使三相负荷平衡。220V或380V单相用电设备宜接入220V/380V三相四线系统：当单相照明线路电流大于30A时，宜采用220V/380V三相四线制供电。

（2）总配电箱以下可设若干分配电箱；分配电箱以下可设若干开关箱。总配电箱应设在靠近电源的区域，分配电箱宜设在用电设备或负荷相对集中的区域，分配电箱与开关箱的距离不得超过30m，开关箱与其控制的固定式用电设备的水平距离不宜超过3m。

（3）每台用电设备必须有各自专用的开关箱。严禁用同一个开关箱直接控制两台及两台以上用电设备（含插座）。

（4）动力配电箱与照明配电箱宜分别设置。当合并设置为同一配电箱时，动力和照明应分路配电；动力开关箱与照明开关箱必须分设。

（5）配电箱、开关箱应装设在干燥、通风及常温场所，不得装设在有严重损伤作用的瓦斯、烟气、潮气及其他有害介质中，也不得装设在易受外来固体物撞击、强烈振动、液体浸溅及热源烘烤场所。否则，应予清除或做防护处理。

（6）配电箱、开关箱周围应有足够两人同时工作的空间和通道，不得堆放任何妨碍操作、维修的物品，不得有灌木、杂草。

（7）配电箱、开关箱应采用冷轧钢板或阻燃绝缘材料制作，钢板厚度应为1.2～2.0mm，其开关箱箱体钢板厚度不得小于1.2mm，配电箱箱体钢板厚度不得小于1.5mm，箱体表面应做防腐处理。

（8）配电箱、开关箱应装设端正、牢固。固定式配电箱、开关箱的中心点与地面的垂直距离应为1.4～1.6m。移动式配电箱、开关箱应装设在坚固、稳定的支架上。其中心点与地面的垂直距离宜为 0.8～1.6m。

（9）配电箱、开关箱内的电器（含插座）应先安装在金属或非木质阻燃绝缘电器安装板上，然后方可整体紧固在配电箱、开关箱箱体内。金属电器安装板与金属箱体应做电气连接。

（10）配电箱、开关箱内的电器（含插座）应按其规定位置紧固在电器安装板上，不得歪斜和松动。

（11）配电箱的电器安装板上必须分设 N 线端子板和 PE 线端子板。N 线端子板必须与金属电器安装板绝缘；PE 线端子板必须与金属电器安装板做电气连接。进出线中的 N 线必须通过 N 线端子板连接；PE 线必须通过 PE 线端子板连接。

（12）配电箱、开关箱内的连接线必须采用铜芯绝缘导线。导线绝缘的颜色标志应按 JGJ 46—2005《施工现场临时用电安全技术规范》的有关要求配置并排列整齐；导线分支接头不得采用螺栓压接，应采用焊接并做绝缘包扎，不得有外露带电部分。

（13）配电箱、开关箱的金属箱体，金属电器安装板以及电器正常不带电的金属底座、外壳等必须通过 PE 线端子板与 PE 线做电气连接，金属箱门与金属箱体必须通过采用编织软铜线做电气连接。

（14）配电箱、开关箱的箱体尺寸应与箱内电器的数量和尺寸相适应，配电箱、开关箱内电器安装尺寸可按照表 6-9 确定。

表 6-9　　　　　配电箱、开关箱内电器安装尺寸选择值　　　　（mm）

间距名称	最小净距
并列电器（含单极熔断器）间	30
电器进、出线瓷管（塑胶管）孔与电器边沿间	15A，30
	20～30A，50
	60A 及以上，80
上、下排电器进出线瓷管（塑胶管）孔间	25
电器进、出线瓷管（塑胶管）孔至板边	40
电器至板边	40

（15）配电箱、开关箱中导线的进线口和出线口应设在箱体的下底面。

（16）配电箱、开关箱的进、出线口应配置固定线卡，进出线应加绝缘护套并成束卡固在箱体上，不得与箱体直接接触。移动式配电箱、开关箱的进、出线应采用橡皮护套绝缘电缆，不得有接头。

（17）配电箱、开关箱外形结构应能防雨、防尘。

问 209 配电箱及开关箱安全使用与维护应注意哪些问题？

（1）配电箱、开关箱应有名称、用途、分路标记及系统接线图。

（2）配电箱、开关箱箱门应配锁，并应由专人负责。

（3）配电箱、开关箱应定期检查、维修。检查、维修人员必须是专业电工，检查、维修时必须按规定穿、戴绝缘鞋、手套，必须使用电工绝缘工具，并应做检查、维修工作记录。

（4）对配电箱、开关箱进行定期维修、检查时，必须将其前一级相应的电源隔离开并分闸断电。并悬挂"禁止合闸、有人工作"停电标志牌，严禁带电作业。

（5）配电箱、开关箱必须按照下列顺序操作。

1）送电操作顺序为：总配电箱—分配电箱—开关箱。

2）停电操作顺序为：开关箱—分配电箱—总配电箱。

但出现电气故障的紧急情况可除外。

（6）施工现场停止作业 1h 以上时，应将动力开关箱断电上锁。

（7）开关箱的操作人员必须符合 JGJ 46—2005《施工现场临时用电安全技术规范》的有关规定。

（8）配电箱、开关箱内不得放置任何杂物，并应保持整洁。

（9）配电箱、开关箱内不得随意挂接其他用电设备。

（10）配电箱、开关箱内的电器配置和接线严禁随意改动。熔断器的熔体更换时，严禁采用不符合原规格的熔体代替。漏电保护器每天使用前应启动漏电试验按钮试跳一次，试跳不正常时严禁继续使用。

（11）配电箱、开关箱的进线和出线严禁承受外力，严禁与金属尖锐断口、强腐蚀介质和易燃易爆物接触。

问 210 架空线路怎样进行安全管理？

（1）架空线必须采用绝缘导线。

（2）架空线必须架设在专用电杆上，严禁架设在树木、脚手架及其他设施上。

（3）架空线导线截面的选择应符合下列要求。

1）导线中的计算负荷电流不大于其长期连续负荷允许载流量。

2）线路末端电压偏移不大于其额定电压的5％。

3）三相四线制线路的 N 线和 PE 线截面不小于相线截面的50％，单相线路的零线截面与相线截面相同。

4）按机械强度要求，绝缘铜线截面不小于 10mm^2，绝缘铝线截面不小于 16mm^2。

5）在跨越铁路、公路、河流、电力线路档距内，绝缘铜线横截面积不小于 16mm^2，绝缘铝线横截面积不小于 25mm^2。

（4）架空线在一个档距内，每层导线的接头数不得超过该层导线条数的50％，且一条导线应只有一个接头。

在跨越铁路、公路、河流、电力线路档距内，架空线不得有接头。

（5）架空线路相序排列应符合下列规定。

1）动力、照明线在同一横担上架设时，导线相序排列是：面向负荷从左侧起依次为L1、N、L2、L3、PE。

2）动力、照明线在二层横担上分别架设时，导线相序排列是：上层横担面向负荷从左侧起依次为L1、L2、L3。下层横担面向负荷从左侧起依次为 L1(L2、L3)、N、PE。

(6) 架空线路的档距不得大于 35m。

(7) 架空线路的线间距不得小于 0.3m，靠近电杆的两导线的间距不得小于 0.5m。

(8) 架空线路横担间的最小垂直距离不得小于表 6-10 所列数值。

表 6-10　　　　　　　横担间的最小垂直距离　　　　　　　　(m)

排列方式	直线杆	分支或转角杆
高压与低压	1.2	1.0
低压与低压	0.6	0.3

横担宜采用角钢或方木，低压铁横担角钢应按表 6-11 选用，方木横担截面应按 80mm×80mm 选用。

表 6-11　　　　　　　　低压铁横担角钢选用

导线截面（mm²)	直线杆	分支或转角杆	
		二线及三线	四线及以上
16			
25	L50×5	2×L50×5	2×L63×5
35			
50			
70			
95	L63×5	2×L63×5	2×L70×6
120			

横担长度应按表 6-12 选用。

表 6-12　　　　　　　　横担长度选用　　　　　　　　　(m)

二线	三线，四线	五线
0.7	1.5	1.8

（9）架空线路与邻近线路或固定物的距离应符合表 6-13 的规定。

表 6-13　　　　　架空线路与邻近线路或固定物的距离

项目	距离类别					
最小净空距离（m）	架空线路的过引线、接下线与邻线		架空线与架空线电杆外缘		架空线与摆动最大时树梢	
	0.13		0.05		0.50	
最小垂直距离（m）	架空线同杆架设下方的通信、广播线路	架空线最大弧垂与地面			架空线最大弧垂与暂设工程顶端	架空线与邻近电力线路交叉	
		施工现场	机动车道	铁路轨道		1kV 以下	1～10kV
	1.0	4.0	6.0	7.5	2.5	1.2	2.5
最小水平距离（m）	架空线电杆与路基边缘		架上线电针与铁路轨道边缘		架空线边线与建筑物凸出部分	
	1.0		杆高（m）+3.0		1.0	

（10）架空线路宜采用钢筋混凝土杆或木杆。钢筋混凝土杆不得有露筋、宽度大于 0.4mm 的裂纹和扭曲。木杆不得腐朽，其梢径不应小于 140mm。

（11）电杆埋设深度宜为杆长的 1/10 加 0.6m，回填土应分层夯实。在松软土质处宜加大埋入深度或采用卡盘等加固。

（12）直线杆和 15° 以下的转角杆，可采用单横担单绝缘子，但跨越机动车道时应采用单横担双绝缘子；15°～45° 的转角杆应采用双横担双绝缘子；45° 以上的转角杆，应采用十字横担。

（13）架空线路绝缘子应按下列原则选择。

1）直线杆采用针式绝缘子。

2）耐张杆采用蝶式绝缘子。

（14）电杆的拉线宜采用不少于 3 根 ϕ4.0mm 的镀锌钢丝。拉线与电杆之间的夹角应在 30°～45° 之间。拉线埋设深度不得小于

1m。电杆拉线如从导线之间穿过，应在高于地面 2.5m 处装设拉线绝缘子。

（15）因受地形环境限制不能装设拉线时，可采用撑杆代替拉线，撑杆埋设深度不得小于 0.8m，其底部应垫底盘或石块。撑杆与电杆的夹角宜为 30°。

（16）接户线在档距内不得有接头，进线处离地高度不得小于 2.5m。接户线最小横截面积应符合表 6-14 规定。接户线线间及与邻近线路间的距离应符合表 6-15 的要求。

表 6-14　　　　　　　　接户线的最小横截面积

接户线架设方式	接户线长度（m）	接户线截面（mm²）	
		铜线	铝线
架空或沿墙敷设	10～25	6.0	10.0
	≤10	4.0	6.0

表 6-15　　　　　　接户线线间及与邻近线路间的距离

接户线架设方式	接户线挡距（m）	接户线线间距离（mm）
架空敷设	≤25	150
	>25	200
沿墙敷设	≤6	100
	>6	150
架空接户线与广播电话线交叉时的距离（mm）		接户线在上部，600
		接户线在下部，300
架空或沿墙敷设的接户线零线和相线交叉时的距离（m）		100

（17）架空线路必须有短路保护。

采用熔断器做短路保护时，其熔体额定电流不应大于明敷绝缘导线长期连续负荷允许载流量的 1.5 倍。采用断路器做短路保护时，其瞬动过流脱扣器脱扣电流整定值应小于线路末端单相短路电流。

（18）架空线路必须有过载保护。采用熔断器或断路器做过载保护时，绝缘导线长期连续负荷允许载流量不应小于熔断器熔体额定电流或断路器长延时过流脱扣器脱扣电流整定值的 1.25 倍。

问 211　电缆线路如何进行安全消防管理？

（1）电缆中必须包含全部工作芯线和用作保护零线或保护线的芯线。需要三相四线制配电的电缆线路必须采用五芯电缆。

五芯电缆必须包含淡蓝、绿/黄两种颜色的绝缘芯线。淡蓝色芯线必须用作 N 线。绿/黄双色芯线必须用作 PE 线，严禁混用。

（2）电缆截面的选择应符合 JGJ 46—2005《施工现场临时用电安全技术规范》的有关规定，根据其长期连续负荷允许载流量和允许电压偏移确定。

（3）电缆线路应采用埋地或架空敷设，严禁沿地面明设，并应避免机械损伤和介质腐蚀。埋地电缆路径应设方位标志。

（4）电缆类型应根据敷设方式、环境条件选择。埋地敷设宜选用铠装电缆。当选用无铠装电缆时，应能防水、防腐。架空敷设宜选用无铠装电缆。

（5）电缆直接埋地敷设的深度不应小于 0.7m，并应在电缆紧邻上、下、左、右侧均匀敷设不小于 50mm 厚的细砂，然后覆盖砖或混凝土板等硬质保护层。

（6）埋地电缆在穿越建（构）筑物，道路，易受机械损伤、介质腐蚀场所及引出地面从 2.0m 高到地下 0.2m 处，必须加设防护套管，防护套管内径不应小于电缆外径的 1.5 倍。

（7）埋地电缆与其附近外电电缆和管沟的平行间距不得小于 2m，交叉间距不得小于 1m。

（8）埋地电缆的接头应设在地面上的接线盒内，接线盒应能防水、防尘、防机械损伤，并应远离易燃、易爆、易腐蚀场所。

（9）架空电缆应沿电杆、支架或墙壁敷设，并采用绝缘子固定，绑扎线必须采用绝缘线，固定点间距应保证电缆能承受自重所带来的荷载，敷设高度应符合 JGJ 46—2005《施工现场临时用电安全技术规范》第 7.1 节架空线路敷设高度的要求，但沿墙壁敷设时最大弧垂距地不得小于 2.0m。架空电缆严禁沿脚手架、树木或其他设施敷设。

（10）在建工程内的电缆线路必须采用电缆埋地引入，严禁穿越脚手架引入。电缆垂直敷设应充分利用在建工程的竖井、垂直孔洞等，并宜靠近用电负荷中心，固定点每楼层不得少于一处。电缆水平敷设宜沿墙或门口刚性固定，最大弧垂距地不得小于 2.0m，装饰装修工程或其他特殊阶段，应补充编制单项施工用电方案。电源线可沿墙角、地面敷设，但应采取防机械损伤和电火措施。

（11）电缆线路必须有短路保护和过载保护，短路保护和过载保护电器与电缆的选配应符合 JGJ 46—2005《施工现场临时用电安全技术规范》的有关要求。

问 212　室内配线如何进行安全防火设置？

（1）室内配线必须采用绝缘导线或电缆。

（2）室内配线应根据配线类型采用瓷绝缘子、瓷（塑料）夹、嵌绝缘槽、穿管或钢索敷设。潮湿场所或埋地非电缆配线必须穿管敷设，管口和管接头应密封。当采用金属管敷设时，金属管必须做等电位连接，且必须与 PE 线相连接。

（3）室内非埋地明敷主干线距地面高度不得小于 2.5m。

（4）架空进户线的室外端应采用绝缘子固定，过墙处应穿管保护，距地面高度不得小于 2.5m，并应采取防雨措施。

（5）室内配线所用导线或电缆的截面应根据用电设备或线路的计算负荷确定，但铜线截面不应小于 1.5mm^2，铝线截面不应小于 2.5mm^2。

（6）钢索配线的吊架间距不宜大于 12m。采用瓷夹固定导线时，导线间距不应小于 35mm，瓷夹间距不应大于 800mm。采用瓷绝缘子固定导线时，导线间距不应小于 100mm，瓷绝缘子间距不应大于 1.5m。采用护套绝缘导线或电缆时，可直接敷设于钢索上。

（7）室内配线必须有短路保护和过载保护，短路保护和过载保护电器与绝缘导线、电缆的选配应符合 JGJ 46—2005《施工现场临时用电安全技术规范》的有关要求。对穿管敷设的绝缘导线线路，其短路保护熔断器的熔体额定电流不应大于穿管绝缘导线长期连续负荷允许载流量的 2.5 倍。

问 213　爆炸性环境的电力装置设计应符合哪些规定？

爆炸性环境的电力装置设计应符合下列规定。

（1）爆炸性环境的电力装置设计宜将设备和线路，特别是正常运行时能发生火花的设备布置在爆炸性环境以外。当需设在爆炸性环境内时，应布置在爆炸危险性较小的地点。

（2）在满足工艺生产及安全的前提下，应减少防爆电气设备的数量。

（3）爆炸性环境内的电气设备和线路应符合周围环境内化学、机械、热、霉菌以及风沙等不同环境条件对电气设备的要求。

（4）在爆炸性粉尘环境内，不宜采用携带式电气设备。

（5）爆炸性粉尘环境内的事故排风用电动机应在生产发生事故的情况下，在便于操作的地方设置事故启动按钮等控制设备。

（6）在爆炸性粉尘环境内，应尽量减少插座和局部照明灯具的数量。如需采用时，插座宜布置在爆炸性粉尘不易积聚的地点，局部照明灯宜布置在事故时气流不易冲击的位置。

粉尘环境中安装的插座开口的一面应朝下，且与垂直面的角度不应大于 60°。

（7）爆炸性环境内设置的防爆电气设备应符合现行国家标准 GB 3836.1—2010《爆炸性环境　第 1 部分：设备　通用要求》的

有关规定。

问 214 **照明器表面的高温部位靠近可燃物应采取哪些防火保护措施?**

卤钨灯（包括碘钨灯和溴钨灯）的石英玻璃表面温度很高,如1000W 的灯管温度高达 $500\sim800℃$,很容易烤燃与其靠近的纸、布、木构件等可燃物。吸顶灯、槽灯、嵌入式灯等采用功率不小于100W 的白炽灯泡的照明灯具和不小于 60W 的白炽灯、卤钨灯、荧光高压汞灯、高压钠灯、金属卤灯光源等灯具,使用时间较长时,引入线及灯泡的温度会上升,甚至到 100℃以上。为防止高温灯泡引燃可燃物,而要求采用瓷管、石棉、玻璃丝等不燃烧材料将这些灯具的引入线与可燃物隔开。根据试验,不同功率的白炽灯的表面温度及其烤燃可燃物的时间、温度,见表 6-16。

表 6-16　　白炽灯泡将可燃物烤至着火的时间、温度

灯光功率（W）	摆放形式	可燃物	烤至着火的时间（min）	烤至着火的温度（℃）	备注
75	卧式	稻草	2	360～367	埋入
100	卧式	稻草	12	342～360	紧贴
100	垂式	稻草	50	炭化	紧贴
100	卧式	稻草	2	360	埋入
100	垂式	棉絮被套	13	360～367	紧贴
100	卧式	乱纸	8	333～360	埋入
200	卧式	稻草	8	367	紧贴
200	卧式	乱稻草	4	342	紧贴
200	卧式	稻草	1	360	埋入
200	垂式	玉米秸	15	365	埋入
200	垂式	纸张	12	333	紧贴
200	垂式	多层报纸	125	333～360	紧贴
200	垂式	松木箱	57	398	紧贴
200	垂式	棉被	5	367	紧贴

因此，开关、插座和照明灯具靠近可燃物时，应采取隔热、散热等防火措施。

卤钨灯和额定功率不小于100W的白炽灯泡的吸顶灯、槽灯、嵌入式灯，其引入线应采用瓷管、矿棉等不燃材料作隔热保护。

额定功率不小于60W的白炽灯、卤钨灯、高压钠灯、金属卤化物灯、荧光高压汞灯（包括电感镇流器）等，不应直接安装在可燃物体上或采取其他防火措施。

第三节 消防应急照明及疏散指示标志

问 215 照明用电有哪些安全防火要求？

（1）临时照明线路必须使用绝缘导线。户内（工棚）临时线路的导线必须安装在距离地面高度为2m以上支架上；户外临时线路必须安装在离地高度为2.5m以上支架上，零星照明线不允许使用花线，一般应使用软电缆线。

（2）建设工程的照明灯具宜采用拉线开关。拉线开关距地面高度为2～3m，与出入口的水平距离为0.15～0.2m。

（3）严禁在床头设立插座和开关。

（4）电器、灯具的相线必须经过开关控制。不得将相线直接引入灯具，也不允许以电气插头代替开关。

（5）对于影响夜间飞机或车辆通行的在建工程或机械设备，必须安装设置醒目的红色信号灯。其电源应设在施工现场电源总开关的前侧。

（6）使用行灯应符合下列要求。

1）电源电压不超过36V。

2）灯体与手柄应坚固可靠，绝缘良好，并耐热防潮湿。

3）灯头与灯体结合牢固可靠。

4）灯泡外部有金属保护网。

5）金属网、反光罩、悬吊挂钩固定在灯具的绝缘部位上。

问 216　电气照明如何分类？

1. 按使用性质分类

电器照明按使用性质，一般又分为工作照明、装饰照明和事故照明等。

（1）工作照明供室内外工作场所作为正常的照明使用。

（2）装饰照明用于美化城市、橱窗布置和节日装饰等的照明。

（3）事故照明。工厂、车间和重要场所以及公共集会场所发生电源中断时，供继续工作或人员疏散的照明，如备用的照明灯具和紧急安全照明。

2. 按光源的发光原理分类

按发光原理分热辐射光源和气体发光光源两类。目前比较常用、而火灾危险性又较大的照明光源主要有白炽灯、荧光灯、高压汞灯和卤钨灯等。

（1）白炽灯（钨丝灯泡）。当电流通过封在玻璃灯泡中的钨丝时，使灯丝温度升高到 2000～3000℃，达到白炽程度而发光。灯泡一般都在抽成真空后，再充入惰性气体。

（2）荧光灯。荧光灯由灯管、镇流器、启动器（又称启辉器）等组成。当灯管两端的灯丝通电发热和发射电子时，使管内的水银气化，并在弧光放电时发出紫外线，激发灯管内壁所涂的荧光物质，发出近似日光的可见光，因此也称日光灯。镇流器刚启动时，在启动器的配合下瞬时产生高电压，使灯管放电；而在正常工作时，又限制灯管中的电流。启动器的作用则是在启动时使电路自动接通和断开。它们相互之间，必须按容量配合选用。荧光灯与普通白炽灯比较，不仅光线柔和，而且消耗的电能相同时，其发光强度要高出 3～5 倍。

（3）高压汞灯（高压水银灯）。高压汞灯分镇流器式和自镇流式两种，它们的主要区别在于镇流元件不同，前者附有配套安装的镇流器；后者为装在灯泡内的镇流钨丝。其特点是光效高、用电省、寿命长和光色好。它的发光原理与荧光灯相似，主电极间产生弧光放电的时候，灯泡温度升高，水银气化发出可见光和紫外线，紫外线又激发内壁上的荧光粉而发光。

（4）卤钨灯。卤钨灯工作原理与白炽灯基本相同，区别是在卤钨灯的石英玻璃灯管内充入适量的碘或溴，可被高温蒸发。将出来的钨送回灯丝，延长了灯管的使用寿命。

3. 从防火角度分类

从防火角度上看，按灯具的结构形式可分为开启型，封闭型，防水、防尘型（隔尘型、密封型），防爆型等。照明灯具结构特点见表 6-17。

表 6-17 　　　　　　　　　照明灯具结构特点

结构形式	特　点		
开启型	灯泡和灯头直接和外界空间接触		
封闭型	玻璃罩与灯具的外壳之间有衬垫密封，与外界分隔，但内、外空气仍有界限流通		
防水、防尘型（隔尘型、密封型）	玻璃罩外缘与灯具外壳之间的衬垫用螺栓压紧密封，使内、外空气隔绝		
防爆型	玻璃罩本身及其固定处的灯具外壳，均能承受要求的压力，能安全使用在有爆炸介质的场所	防爆型（代号 B）	当灯具内部发生爆炸时，灯具铝盖及玻璃罩能承受灯具内的爆炸压力，火焰通过一定间隔的防爆面，不致引爆灯具外部的爆炸介质
		安全型（代号 A）	在正常运行时，不产生火花、电弧和危险温度，或者将正常运行时能产生火花、电弧的部件，装在灯具的单独隔爆小室内

问 217　如何选择照明灯具?

照明灯具的选择应遵循以下原则。

（1）特别潮湿及有腐蚀性气体的场所，应采用密封型灯具，灯具的各种部件还应进行防腐处理。

（2）潮湿的厂房内和户外可采用封闭型灯具，亦可采用有防水灯座的开启型灯具。

（3）有爆炸性混合物或生产中易于产生爆炸介质的场所，应采用防爆型灯具；而爆炸危险场所的等级又有区别，故应选用不同形式的防爆型照明灯具。

（4）灼热多尘场所（如炼铁、炼钢、轧钢等场所）可采用投光灯。

（5）震动场所（如有空压机、锻锤、桥式起重机等）灯具应有防震措施（采用吊链等软连接方式）。

（6）可能直接受外来机械损伤的场所，应采用有保护网（罩）的灯具。

问 218　照明灯具引起火灾的原因有哪些?

照明设备是将电能转变为光能的一种设备。常用的主要有白炽灯、荧光灯、卤钨灯等。由于白炽灯、卤钨灯表面温度高，故火灾危险性较大。照明灯具引发火灾的原因如下：

（1）灯头温度高，容易烤着附近的可燃物。

（2）灯泡破碎，炽热灯丝能引燃可燃物。供电电压超过灯泡上所标的电压、大功率灯泡的玻璃壳受热不均、水滴溅在灯泡上等，都能引起灯泡爆碎。由于灯丝的温度较高，即使经过一段距离空气的冷却（灯泡距落地点的距离）仍有较高温度和一定的能量，能引起可燃物质的燃烧。

（3）灯头接触不良。灯头接触部分由于接触不良而发热或产生火花，以及灯头与玻璃壳松动时，拧动灯头而引起短路等，也有可能造成火灾事故。

（4）镇流器过热，能引起可燃物着火。镇流器正常工作时，由于镇流器本身也耗电，具有一定的温度，若散热条件不好或与灯管匹配不合理以及其他附件发生故障时，会使内部温度升高破坏线圈的绝缘强度，形成匝间短路而产生的高温，会将周围可燃物烤着起火。

问 219 如何预防照明灯具引起的火灾？

应按照环境场所的火灾危险性来选择不同类型的照明灯具，此外还应符合下列防火要求。

（1）白炽灯、高压汞灯与可燃物、可燃结构之间的距离不应小于50cm，卤钨灯与可燃物之间的距离则应大于50cm。

（2）卤钨灯灯管附近的导线应采用有石棉、玻璃丝、瓷珠（管）等耐热绝缘材料制成的护套，而不应直接使用具有延燃性绝缘的导线，以免灯管的高温破坏绝缘层，引起短路。

（3）灯泡距离地面的高度一般不应低于2m。如必须低于此高度时，应采用必要的防护措施，可能会遇到碰撞的场所，灯泡应有金属或其他网罩防护。

（4）严禁用布、纸或其他可燃物遮挡灯具。

（5）灯泡的正下方不宜堆放可燃物品。

（6）室外或某些特殊场所的照明灯具应有防溅设施，以防水滴溅射到高温的灯泡表面，使灯泡炸裂，灯泡破碎后，应及时更换或将灯泡的金属头旋出。

（7）在Q-1、G-1级场所（一级爆炸危险场所，是指在正常生产、储存或运输条件下，在其所在范围的空间内，爆炸危险介质就能达到爆炸浓度的场所）。当选用定型照明灯具有困难时，可将开启型照明灯具做成嵌墙式壁龛灯。它的检修门应向墙外开启，并确保有良好的通风；向室内照射的一面应有双层玻璃严密封闭，其中至少有一层必须是高强度玻璃。其安装位置不应设在门、窗及排风口的正上方。距门框、窗框的水平距离应不小于 3m；距排风口水平距离应不小于 5m。

（8）镇流器安装时应注意通风散热，不允许将镇流器直接固定在可燃顶棚、吊顶或墙壁上，应用隔热的不燃材料进行隔离。

（9）镇流器与灯管的电压与容量必须相同，配套使用。

（10）灯具的防护罩必须保持完好无损，必要时应及时更换。

（11）可燃吊顶内暗装的灯具（全部或大部分在吊顶内）功率不宜过大，并应以白炽灯或荧光灯为主。灯具上方应保持一定的空间，有利于散热。

（12）明装吸顶灯具采用木制底台时，应在灯具与底台中间铺垫石棉板或石棉布。附带镇流器的各式荧光吸顶灯，应在灯具与可燃材料之间加垫瓷夹板隔热，禁止直接安装在可燃吊顶上。

（13）暗装灯具及其发热附件，周围应用不燃材料（石棉布或石棉板）做好防火隔热处理。当安装条件不允许时，应将可燃材料刷以防火涂料。

（14）各种特效舞厅灯的电动机，不应直接接触可燃物，中间应铺垫防火隔热材料。

（15）可燃吊顶上所有暗装、明装灯具、舞台暗装彩灯，舞池脚灯的电源导线，均应穿钢管敷设。舞台暗装彩灯泡，舞池脚灯彩灯灯泡，其功率均宜在 40W 以下，最大不应大于 60W。彩灯之间导线应焊接，所有导线不应与可燃材料直接接触。

（16）大型舞厅在轻钢龙骨上以线吊方式安装的彩灯。导线穿过龙骨处应穿胶圈保护，以免导线绝缘破损，造成短路。

问 220　照明供电系统的防火需注意哪些事项？

照明供电系统包括照明总开关、熔断器、照明线路、灯具开关、灯头线、挂线盒、灯座等。这些零件和导线的电压等级及容量如果选择不当，都会因超过负载、机械损坏等而导致火灾的发生。照明供电系统防火需注意以下几点：

1. 电气照明的控制方式

照明与动力如合用同一电源时，照明电源不应接在动力总开关之后，而应分别有各自的分支回路，所有照明线路均应设有短路保护装置。

2. 照明电压等级

照明电压一般采用 220V。

3. 负载及导线

电器照明灯具数和负载量一般要求是：一个分支回路内灯具数不应超过 20 个。照明电流量：民用不应超过 15A，工业用不应超过 20A。负载量应在严格计算后再确定导线规格，每一插座应以 2～3A 计入总负载量，持续电流应小于导线安全载流量。三相四线制照明电路，负载应均匀地分配在三相电源的各相。导线对地或线间绝缘电阻一般不应小于 0.5MΩ。

4. 事故照明

由于工作照明中断，容易引起火灾、爆炸以及人员伤亡，或产生重大影响的场所，应设置事故照明。事故照明灯应设置在可能引起事故的材料、设备附近和主要通道、出入口处或控制室，并涂以带有颜色的明显标志。事故照明灯一般不应采用启动时间较长的电光源。

5. 照明灯具安装使用的防火要求

（1）各种照明灯具安装前，应对灯座、开关、挂线盒等零件进行认真检查。发现松动、损坏的要及时修复或更换。

（2）开关应装在相线上，螺口灯座的螺口必须接在零线上。开关、插座、灯座的外壳均应完整无损，带电部分不得裸露在外面。

（3）功率在 150W 以上的开启式和 100W 以上的其他形式的灯

具，必须采用瓷质灯座，不准使用塑胶灯座。

（4）各零件必须符合电压、电流等级，不得过电压、过电流使用。

（5）灯头线在顶棚挂线盒内应做保险扣，以避免接线端直接受力拉脱，产生火花。

（6）质量在 1kg 以上的灯具（吸顶灯除外），应用金属链吊装或用其他金属物支持（如采用铸铁底座和焊接钢管），以防坠落。重量超过 3kg 时，应固定在预埋的吊钩或螺栓上。轻钢龙骨上安装的灯具，原则上不能加重钢龙骨的荷载，凡灯具重量在 3kg 及以下者，必须在主龙骨上安装；3kg 及 3kg 以上者，必须以铁件做固定。

（7）灯具的灯头线不能有接头；需接地或接零的灯具金属外壳，应由接地螺栓与接地网连接。

（8）各式灯具装在易燃结构部位或暗装在木制吊平顶内时，在灯具周围应做好防火隔热处理。

（9）用可燃材料装修墙壁的场所，墙壁上安装的电源插座、灯具开关、电扇开关等应配金属接线盒，导线穿钢管敷设，要求与吊顶内导线敷设相同。

（10）特效舞厅灯安装前应进行检查：各部接线应牢固，通电试验所有灯泡无接触不良现象，电机运转平稳，温升正常，旋转部分没有异常响声。

（11）凡重要场所的暗装灯具（包括特制大型吊装灯具的安装），应在全面安装前做出同类型"试装样板"（包括防火隔热处理的全部装置），然后组织有关人员核定后再全面安装。

问 221 什么是消防应急照明？

在发生火灾电网停电时，为人员安全疏散和有关火灾扑救人员继续工作而设置的照明，统称为消防应急照明。

火灾应急照明分为备用照明、疏散照明、安全照明。

（1）正常照明失效时，为继续工作（或暂时继续工作）而设的备用照明。

（2）为使人员在火灾情况下能从室内安全撤离至室外（某一安全地区）而设置的疏散照明。

（3）正常照明突然中断时，为确保处于潜在危险之中人员的安全而设置的安全照明。

问 222　火灾时如何选择电光源？

火灾应急照明必须采用能瞬时点燃的光源，一般采用白炽灯、带快速启动装置的荧光灯等。当火灾应急照明作为正常照明的一部分经常点燃，且在发生故障时不需要切换电源的情况下，也可以采用其他光源，如普通荧光灯。

灯具的选用应与建筑的装饰水平相匹配，常采用的灯具有吸顶灯、深筒嵌入灯具、光带式嵌入灯具、荧光嵌入灯具等。但是，值得注意的是这些嵌入灯具要做散热处理，不得安装在易燃可燃材料上，且要保持一定防火间距。

对于火灾应急照明灯和疏散指示标志灯，为提高其在火灾中的耐火能力，应加装玻璃或其他不燃烧材料制作的保护罩，目的是充分发挥其在火灾期间引导疏散的作用。

问 223　如何设置消防应急照明？

设置火灾应急照明灯时需保证继续工作所需照明度的场所，火灾应急照明灯的工作方式分为专用和混用两种：前者平时强行启点；后者与正常工作照明一样，平时即点亮作为工作照明的一部分，往往装有照明开关，必要时需在火灾事故发生后强行启点。高层住宅的楼梯间照明一般兼作火灾应急及疏散照明，通常楼梯灯采用定时自熄开关，因此需要具有火灾时强行启点功能。

火灾应急照明的电源可以是柴油发电机组、蓄电池组或电力网电源中任意两种组合，以满足双电源、双回路供电的要求。火灾应急照明在正常电源断电后，其电源转换时间应满足下列要求：疏散照明≤15s；备用照明≤15s（其中金融商业交易所≤1.5s）；安全照明≤0.5s。

火灾应急照明可以集中供电，也可分散供电。大中型建筑多采用集中式供电，总配电箱设在建筑底层，以干线向各层照明配电箱供电，各层照明配电箱装于楼梯间或附近，每回路干线上连接的配电箱数不超过3个，此时的火灾应急照明电源无论是从专用干线分配电箱取得，还是从与正常照明混合使用的干线分配电箱取得，在有应急备用电源的地方，都要从最后一级的分配电箱中进行自动切换。国家工程建设消防技术标准规定，火灾应急照明灯具和灯光疏散指示标志的备用电源连续供电时间不应少于30min。

小型单元式火灾应急照明灯，蓄电池多为镍镉电池或小型密封铅蓄电池。优点是可靠、灵活、安装方便；缺点是费用高、检查维护不便。

火灾应急照明灯应设玻璃或其他非燃烧材料制作的保护罩，通常除了透光部分设玻璃外，其外壳须用金属材料或难燃材料制成。一般，火灾应急照明灯平时不亮，当遇有火警时接受指令，按要求分区点亮或全部点亮。国家工程建设消防技术标准规定，火灾应急照明灯具宜设置在墙面的上部、顶棚上或出口的顶部。

问 224　建筑内应设置疏散照明的部位有哪些？

除建筑高度小于27m的住宅建筑外，民用建筑、厂房和丙类仓库的下列部位应设置疏散照明。

（1）封闭楼梯间、防烟楼梯间及其前室、消防电梯间的前室或合用前室、避难走道、避难层（间）。

（2）观众厅、展览厅、多功能厅和建筑面积大于200m²的营业厅、餐厅、演播室等人员密集的场所。

（3）建筑面积大于100m²的地下或半地下公共活动场所。

（4）公共建筑内的疏散走道。

（5）人员密集的厂房内的生产场所及疏散走道。

设置疏散照明可以使人们在正常照明电源被切断后，仍能以较快的速度逃生，是保证和有效引导人员疏散的设施。建筑内应设置疏散照明的部位主要为人员安全疏散必须经过的重要节点部位和建筑内人员相对集中、人员疏散时易出现拥堵情况的场所。

对于GB 50016—2014《建筑设计防火规范》未明确规定的场所或部位，设计师应根据实际情况，从有利于人员安全疏散需要出发考虑设置疏散照明，如生产车间、仓库、重要办公楼中的会议室等。

问 225　哪些场所应在疏散走道和主要疏散路径的地面上增设能疏散指示标志？

下列建筑或场所应在疏散走道和主要疏散路径的地面上增设能保持视觉连续的灯光疏散指示标志或蓄光疏散指示标志。

（1）总建筑面积大于8000m²的展览建筑。

（2）总建筑面积大于5000m²的地上商店。

（3）总建筑面积大于500m²的地下或半地下商店。

（4）歌舞娱乐放映游艺场所。

（5）座位数超过1500个的电影院、剧场，座位数超过3000个的体育馆、会堂或礼堂。

（6）车站、码头建筑和民用机场航站楼中建筑面积大于3000m²的候车、候船厅和航站楼的公共区。

这些场所内部疏散走道和主要疏散路线的地面上增设能保持视觉连续的疏散指示标志是辅助疏散指示标志，不能作为主要的疏散指示标志。

问 226　　如何设置疏散指示标志?

应急照明的设置位置一般有: 设在楼梯间的墙面或休息平台板下,设在走道的墙面或顶棚的下面,设在厅、堂的顶棚或墙面上,设在楼梯口、太平门的门口上部。

对于疏散指示标志的安装位置,是根据国内外的建筑实践和火灾中人的行为习惯提出的。具体设计还可结合实际情况,在规范规定的范围内合理选定安装位置,比如也可设置在地面上等。总之,所设置的标志要便于人们辨认,并符合一般人行走时且视前方的习惯,能起诱导作用,但要防止被烟气遮挡,如设在顶棚下的疏散标志应考虑距离顶棚一定高度。

目前,在一些场所设置的标志存在不符合 GB 13495.1—2015《消防安全标志　第 1 部分: 标志》规定的现象,如将"疏散门"标成"安全出口","安全出口"标成"非常口"或"疏散口"等,还有的疏散指示方向混乱等。因此,有必要明确建筑中这些标志的设置要求。

对于疏散指示标志的间距,设计还要根据标志的大小和发光方式以及便于人员在较低照度条件清楚识别的原则进一步缩小。

因此,疏散照明灯具应设置在出口的顶部、墙面的上部或顶棚上;备用照明灯具应设置在墙面的上部或顶棚上。

公共建筑、建筑高度大于 54m 的住宅建筑、高层厂房(库房)和甲、乙、丙类单、多层厂房,应设置灯光疏散指示标志,并应符合下列规定。

(1)应设置在安全出口和人员密集场所疏散门的正上方。

(2)应设置在疏散走道及其转角处距地面高度 1.0m 以下的墙面或地面上。灯光疏散指示标志的间距不应大于 20m;对于袋形走道,不应大于 10m;在走道转角区,不应大于 1.0m。

第七章 建筑消防系统的布线与接地

第一节 系统布线要求

问 227 系统布线一般有哪些要求？

布线工程不仅要求安全可靠，而且要求线路布局合理、整齐、美观、牢固，电气连接应可靠。系统布线一般要求如下。

1. 材料检验

进入施工现场的管材、型钢、线槽、电缆桥架及其附件应有材质证明和合格证，并应检查质量、数量、型号规格是否与设计和有关标准的要求相符合，填写检查记录。

钢管要求壁厚均匀，焊缝均匀，没有劈裂和砂眼棱刺，没有凹扁现象。金属线槽和电缆桥架及其附件，应采用经过镀锌处理的定型产品。线槽内外应光滑平整，没有棱刺，不应有扭曲、翘边等变形现象。

2. 导线检验

火灾自动报警与消防联动控制系统布线时，应对导线的种类、电压等级进行检查和检验。

（1）系统传输线路应采用铜芯绝缘导线或铜芯电缆。

（2）额定工作电压不超过 50V 时，导线电压等级不应低于交流 250V。

（3）额定工作电压为 220V/380V 时，导线电压等级不应低于交流 500V。

3. 导线接头

导线在线管内或线槽内，不应有接头或扭结现象；导线的接头，应在接线盒内焊接或用接线端子连接。导线连接的接头不应增加电阻值，受力导线不应降低原机械强度，亦不能降低原绝缘强度。

4. 吊顶内敷设管路

在吊顶内敷设各类管路和线槽（或电缆桥架）时，应采用单独的卡具吊装或支撑物固定。

5. 吊装线槽

吊装线槽的吊杆直径不应小于6mm。线槽的直线段应每隔1~1.5m设置吊点或支点；同时在下列部位也应设置吊点或设置固定支撑支点，包括：线槽连接的接头处；距接线盒或接线箱0.2m处；转角、转弯和弯形缝两端及丁字接头的三端0.5m以内；线槽走向改变或转角等处。

6. 绝缘电阻

火灾自动报警与联动控制系统的导线敷设完毕后，应对每回路的导线用250V或500V的绝缘电阻表测量绝缘电阻，其绝缘电阻值不应小于20MΩ，并做好参数测试记录。

7. 建筑物变形缝

管线经过建筑物的变形缝（包括沉降缝、伸缩缝、抗震缝等）处，为防止建筑物伸缩沉降不均匀而损坏线管，线管和导线应采取补偿措施。补偿装置连接管的一端拧紧固定（或焊接固定），而另一端无须固定。当采用明配线管时，可采用金属软管补偿。而导线跨越变形缝的两侧时应固定，并留有适当余量。

8. 导线色别

火灾自动报警与联动控制系统的传输线路应选择不同颜色的绝缘导线，探测器的正极"+"线为红色，负极"-"线应为蓝色，其余线应根据不同用途采用其他颜色区分。但同一工程中相同用途的导线颜色应一致，接线端子应有标号。

9. 顶棚布线

在建筑物的顶棚内必须采用金属管或金属线槽布线。

问 228　线管及布线有哪些要求?

（1）管内穿线。在管内或线槽内的穿线，应在建筑抹灰及地面工程结束后进行。在电线、电缆穿管前，应将管内或线槽内的积水及杂物清除干净。管口应有保护措施，不进入接线盒（箱）的垂直管口穿入电线、电缆后，管口应密封。

（2）线管容积。穿管绝缘导线或电缆的总面积不应超过管内截面积的30%，敷设于封闭式线槽内的绝缘导线或电缆的总面积不应大于线槽的净截面积的40%。

（3）同线穿管。不同系统、不同电压等级、不同电流类别的线路，不应穿在同一线管内或线槽的同一槽孔内，且管内电线不得有接头。

（4）线管入盒。金属线管入盒时，盒外侧应套锁母，内侧应装护口，在吊顶内敷设时，盒的内外侧均应套锁母。

（5）线管长度。当管路较长或转弯较多时，应适当加大管径或加装拉线盒（应便于穿线），两个接线盒或拉线点之间的允许距离应符合表 7-1 的规定。

表 7-1　　　　两个接线盒或拉线点之间的允许距离

管路情况	两个接线盒或拉线点之间的允许距离
无弯管路	≤30m
两个拉线点之间有一个转弯时	≤20m
两个拉线点之间有两个转弯时	≤15m
两个拉线点之间有三个转弯时	≤8m

（6）导线余量。导线或电缆在接线盒、伸缩缝、消防设备等处应留有足够的余量。

（7）管口护口。在管内穿线时管口应带上塑料护口。

（8）线管连接。金属导管严禁对口熔焊；镀锌和壁厚小于或等于 2mm 的钢导管不得套管熔焊连接。

（9）接地连接。金属的导管和线槽必须接地（PE）或接零（PEN）。镀锌的钢导管、可挠型导管和金属线槽不得熔焊跨接接地线，以专用的接地卡，跨接的两卡间连线为铜芯软导线，截面不小于 $4mm^2$；金属线槽不做设备的接地导体，当设计无要求时，金属线槽全长不少于 2 处与接地（PE）或接零（PEN）连接。

（10）剔槽埋设。当绝缘导管在砌体上剔槽埋设时，应采用强度等级不小于 M10 的水泥砂浆抹面保护，保护厚度大于 15mm。

（11）传输网络。火灾自动报警系统的传输网络不应与其他系统的传输网络合用。

第二节　导线的连接和封端

问 229　导线连接有哪些要求？

导线接头的质量是造成传输线路故障和事故的主要因素之一，所以在布线时应尽可能减少导线接头。其布线的连接应符合表 7-2 要求。

表 7-2　　　　　　　　　　　　　导线连接要求

项目	要　　求
机械强度	导线接头的机械强度不应小于原导线机械强度的 80%。在导线的连接和分支处，应避免受机械力的作用
绝缘强度	导线连接处的绝缘强度必须良好，其绝缘性能至少应与原导线的绝缘强度一致。绝缘电阻低于标准值的不允许投入使用
耐蚀性能	导线接头处应耐腐蚀性能良好，避免受外界腐蚀性气体的侵蚀
接触紧密	导线连接处应接触紧密，接头电阻应尽可能小，稳定性好，与同长度、同截面导线的电阻比值不应大于 1
布线接头	穿管导线和线槽布线中间不允许有接头，必要时可采用接线盒（如线管较长时）或分线盒、接线箱（如线路分支处）。导线应连接牢靠，不应出现松动、反圈等现象
连接方式	当无特殊规定时，导线的线芯应采用焊接连接、压板压接和套管压接连接

问 230 导线连接有哪些方式?

火灾自动报警与联动控制系统常用的导线连接方式有导线焊接连接、管压连接和压接帽压接等，现多采用压接帽压接和管压连接法。

（1）管压接法。管压接法是采用并头管进行压接，如图 7-1 所示。也可采用套管压接，方法是将导线穿入导线连接套管后，再用压接钳压接。

（2）压接帽压接。LC 安全型压线帽是铜线压线帽，分为黄、白、红三色，分别适用于 $1.0mm^2$、$1.5mm^2$、$2.5mm^2$、$4mm^2$ 的 2～4 根导线的连接。

其操作方法如下：

1）将导线绝缘层剥去 10～13mm（按帽的型号决定），清除氧化物，按规定选用适当的压线帽，将线芯插入压线帽的压接管内，若填不实，可将线芯折回头（剥长加倍），填满为止。

2）线芯插到底后，导线绝缘层应与压接管的管口平齐，并包在帽壳内，然后用专用压接钳压实即可，如图 7-2 所示。

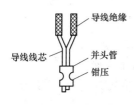

图 7-1　并头管压接

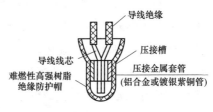

图 7-2　压接帽

（3）焊接连接。焊接方法有气焊连接法和电阻焊连接法，即利用低电压大电流通过连接处的接触电阻而产生热量将其熔接在一起。适用于接线盒内的导线并接，其焊接后的接头如图 7-3 所示。

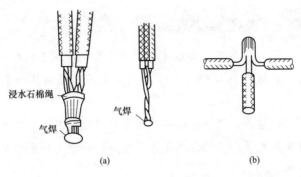

图 7-3　焊接接头

（a）气焊接头；（b）电阻焊接头

问 **231** **导线出线端的连接有哪些要求？**

导线出线端（终端、封端）与消防电气设备的终端连接，其接触电阻应尽可能小，安装牢固，并能耐受各种化学气体的腐蚀。其连接具体要求如下。

（1）截面为 $10mm^2$ 及以下的单股铜线、截面为 $2.5mm^2$ 及以下的多股铜线可直接与电器连接。

（2）截面为 $10mm^2$ 及以上的多股导线，由于线粗、载流量大，为防止接触面小而发热，应在接头处装设铜质接线端子，再与电器设备进行连接。这种方法一般称之为封端。

（3）截面为 $4\sim6mm^2$ 的多股导线，除设备自带插接式端子外，应先将接头处拧紧后或压接接线端子后（即导线封端），再直接与电器连接，以防止连接时导线松散。

问 **232** **导线的封端有哪些方法？**

布线后的出线端，最终要与消防电气设备相连接，其方法一般有直接连接法和封端连接法。封端连接法一般用于导线截面较大的电源线路，即在接头处装设接线端子，再与电器或设备进行连接。

（1）螺栓压接法。螺栓压接法可用于单股铜芯导线，先将导线端部线头弯圈，再用螺栓将线端压接在设备接线端子上；当设备上带有压接片时，可直接将导线用螺栓和压接片固定在设备上；如是多股铜芯导线应先拧紧、镀锡后再行连接。

（2）螺钉压接法。其方法与导线之间连接的螺钉压接法相同（将导线穿入电器的线孔内，再把压接螺钉拧紧固定即可）。如火灾探测器、控制模块、消火栓启动按钮、接线端子箱等消防报警电器，多为此类压接方式。

铜芯单股导线与针孔式接线桩连接（压接）时，要把连接的导线的线芯插入接线桩头针孔内，导线裸露出针孔 $1\sim2\mathrm{mm}$；当针孔大于线芯直径 1 倍时，需要折回后再插入压接。

如果是多股软铜丝，应扭紧，擦干净再压接。多股铜芯软线用螺钉压接时，应将软线芯扭紧做成眼圈状，或采用压接，然后将其压平，再用螺钉加垫紧牢固。

（3）封端连接。将导线端部装设接线端子，然后再与设备相连即为封端连接，一般可用于高层建筑的火灾报警系统的电源回路或消防设备的主电源进线，其导线封端连接示意如图 7-4 所示。

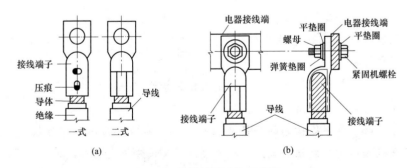

图 7-4　导线封端连接示意图

（a）接线端子压接；（b）接线端子连接

第三节　线槽、线管、电缆的布线

问 233　**线槽的布线有哪些形式?**

线槽的布线形式主要有沿墙敷设、吊装敷设和地面内暗装等。

（1）沿墙敷设。将线槽安装固定在建筑物的表面即称为沿墙敷设，可用于塑料线槽和金属线槽的配线方式。目前多用于原有建筑物火灾报警系统的改造和加装。

（2）吊装敷设。将线槽吊装固定在建筑物的顶棚或构架上，主要用于金属线槽的配线方式，它适用于系统回路数量多且用户多的场合。

（3）地面内暗装。将金属暗装线槽安装固定在建筑物的地面内（地板内），它可用于火灾探测器在地板内安装的场所。

问 234　**线槽的布线有哪些要求?**

（1）线槽接口应平直、严密，槽盖应齐全、平整、无翘角。

（2）线槽应敷设在干燥和不易受机械损伤的场所。金属线槽的连接处不应在穿过楼板或墙壁等处进行。

（3）金属线槽及其附件，应采用经过镀锌处理的定型产品。线槽镀锌层内外应光滑平整无损，无棱刺，不应有扭曲翘边等变形现象。

（4）导线在接线盒、接线箱及接头等处，一般应留有余量，以便于连接消防电器或设备。

（5）要求线槽内的导线要理顺，尽可能减少挤压和相互缠绕。在线槽内不应设置导线接头，必要时应装设分线盒或接线盒。

（6）固定或连接线槽的螺钉或其他紧固件紧固后其端部都应与线槽内表面光滑相接，即螺母放在线槽壁的外侧，紧固时配齐平垫和弹簧垫。

（7）吊装线槽敷设宜采用单独卡具吊装或支撑物固定，吊杆的直径不应小于 6mm，固定支架间距一般不应大于 1～1.5m。

（8）线槽敷设应平直整齐，水平和垂直允许偏差为其长度的 2‰，且全长允许偏差为 20mm，并列安装时槽盖应便于开启。

（9）金属管或金属线槽与消防设备采用金属软管和可挠性金属管做跨接时，其长度不应大于 2m，且应采用卡具固定，其固定点间距不应大于 0.5m，且端头用锁母或卡箍固定，并按规定接地。

问 235　线槽布线有哪些准备？

为使线路安装整齐、美观，沿墙敷设的线槽一般应紧贴在建筑物的表面，并应尽量沿房屋的线脚、墙角、横梁等敷设，且与建筑物的线条平行或垂直。

线槽布线准备工作主要有定位、画线及预埋件施工等工序。

（1）定位。定位时，先按施工图确定线槽的敷设路径，再确定穿越楼板和墙壁以及布线的起始、转角、终端等的固定位置，最后再确定中间固定点的安装位置，并做好标记。

（2）画线。划线时应考虑线路的整洁和美观，要尽可能沿房屋线脚、墙角等处逐段画出布线的走线路径、固定点和有关消防电器的安装位置。

（3）预埋。预埋线槽固定点的预埋件，其吊点或支点的间距应符合相关规范要求。

问 236　线槽的安装有哪些步骤？

线槽的安装过程包括线槽的选用、线槽的固定和吊装线槽的固定，详述如下：

（1）线槽的选用。安装线槽时，应将平直的线槽用于明显处，而弯曲不平的用于隐蔽处。且线槽内不得有损伤导线绝缘的毛刺和其他异物。吊装敷设的线槽应具有足够的结构强度。

（2）线槽的固定。线槽在砖和混凝土结构上固定时，一般可使用塑料胀管和木螺钉固定；当抹灰层允许时，也可用铁钉或钢钉直接固定。

（3）吊装线槽的固定。线槽吊装敷设时，应先将固定线槽的卡具（吊装器）用机螺栓固定在吊装线槽的吊杆上，固定连接时应牢固可靠；再将线槽底板安装固定在线槽卡具上。

问 237　敷设导线和固定盖板有哪些步骤？

线槽底板安装完毕后，即可根据需要将绝缘导线或管路敷设在线槽内。

（1）放线。敷设导线时，如线路较长或导线根数较多，可采用放线架，将线盘放在线架上，从线盘上松开导线。如线路较短，可采用手工放线。放线中应按需要套好保护管。

（2）导线敷设。敷设和固定导线从一端开始，可先将绝缘导线敷设于线槽内，所敷设的导线不得有扭曲和相互缠绕现象，并应做好回路标记。

（3）固定盖板。导线敷设完毕后，即可将线槽盖板扣装在线槽底板上，也可将敷设导线与固定盖板一并进行。

问 238　线管应如何敷设？

（1）线管敷设方式。明配线管有吊装敷设和沿墙敷设等方式，如图 7-5 所示。

暗配线管及墙壁接线盒的敷设方式如图 7-6 所示，也可用铁钉将接线盒固定在木模板上。

（2）线管敷设方法。暗配线管一般可预埋敷设，但线管与箱体在现浇混凝土内埋设时应固定牢靠，以防土建振捣混凝土或移动脚手架时使其移位。有时也可在土建墙壁粉刷前凿沟槽、孔洞，将线

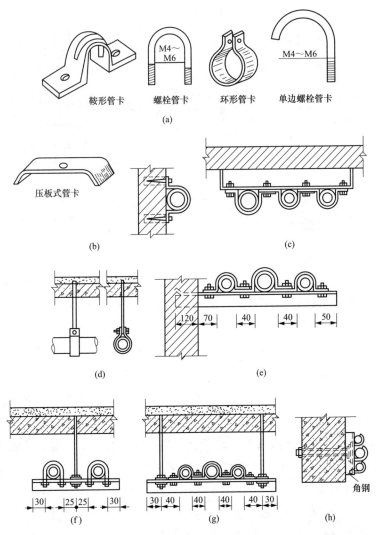

图 7-5　明敷线管示意图

（a）各类管卡；（b）沿墙壁管卡敷设；（c）多管垂直敷设；（d）单管吊装敷设；

（e）沿墙支架敷设；（f）双管吊装；（g）三管吊装；（h）沿梁底侧面敷设

管和接线盒等器件埋入墙壁后，再用水泥砂浆抹平。

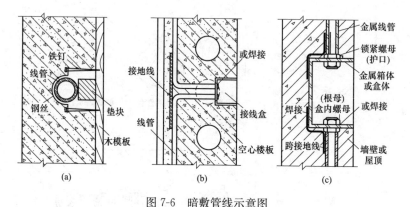

图 7-6 暗敷管线示意图

(a) 管线固定；(b) 在空心楼板内敷设；(c) 在墙壁内敷设

（3）线管敷设要求。

1）金属线槽和钢管明配时，应按设计要求采取防火保护措施。管路敷设经过建筑物的变形缝（包括沉降缝、伸缩缝、抗震缝等）时应采取补偿措施。

2）水平或垂直敷设的明配导管安装允许偏差 1.5‰，全长偏差不应大于管内径的 1/2。

3）明配导管使用的接线盒和安装消防设备接线盒应采用明装式接线盒。

4）明配导管敷设与热水管、蒸汽管同侧敷设时应敷设在热水管、蒸汽管的下面，有困难时可敷设在其上面，相互间净距离应符合规范的要求。

5）明配导管与水管平行净距不应小于 0.10m。当与水管同侧敷设时宜敷设在水管上面（不包括可燃气体及易燃液体管道）。当管路交叉时距离不应小于上述相应情况的平行净距。

6）当管路暗配时，导管宜沿最近的线路敷设并应尽可能减少弯曲部分，其埋设深度与建筑物、构筑物表面的距离不应小于 15mm；明配的导管应排列整齐，固定点间距应均匀，安装牢固；

在终端、弯头中点或柜、台、箱、盘等边缘的距离 150～500mm 内设有管卡。

7）暗配管在没有吊顶的情况下，探测器接线盒的位置就是安装探头的位置，不能调整，所以要求确定接线盒的位置应按探测器的安装要求定位准确。

8）管路敷设经过建筑物的变形缝（包括沉降缝、伸缩缝、抗震缝等）时应采取补偿措施。

9）弱电线路的电缆竖井应与强电线路的竖井分别设置，如果条件限制合用同一竖井时，应分别布置在竖井的两侧。

问 239　线管应如何连接？

金属线管一般有套管焊接连接、管箍连接和接地连接。详述如下：

（1）套管焊接连接。套管焊接连接主要适用于暗敷线管间的连接。先截取稍大管径作为焊接套管，将两端连接管插入套管后，再用电焊在套管两端密焊。焊接时应保证焊缝的严密性，以防土建施工时水泥砂浆渗入管内。

（2）管箍连接。明配钢管一般应采用管箍螺纹连接，特别是防爆场所的线管必须采用管箍连接。钢管螺纹连接时管端螺纹长度不应小于管接头长度的 1/2，连接后螺纹宜外露 2～3 扣，螺纹表面应光滑无缺损。镀锌钢管应采用螺纹连接或套管紧固螺钉连接，不应采用熔焊连接，以免破坏镀锌层。

（3）接地连接。金属的导管和线槽必须接地（PE）或接零（PEN）可靠，特别是管箍连接会降低线管的导电性能，保证不了接地的可靠性。为使线路安全可靠，管间及管盒间的连接处应焊接跨接地线。

问 240　电缆敷设有哪些方式？

常用的电缆敷设方式有：电缆隧道、电缆沟、排管、壕沟（直埋)、竖井、桥架、吊架、夹层等,各种方式的特点及其选用要求如下。

(1) 电缆隧道和电缆沟。电缆隧道是一种用来放置电缆的、封闭狭长的构筑物,高 1.8m 以上,两侧设有数层敷设电缆的支架,可放置多层电缆,人在隧道内能方便地进行电缆敷设、更换和维修工作。电缆隧道适用于有大量电缆配置的工程环境,其缺点是投资大、耗材多、易积水。

电缆沟是有盖板的沟道,沟宽与沟深不足 1m,敷设和维修电缆必须揭开水泥盖板,很不方便,且容易积灰、积水,但施工简单、造价低,走向灵活且能容纳较多电缆。电缆沟有屋内、屋外和厂区三种,适于电缆更换机会少的地方。电缆沟要避免在易积水、积灰的场所使用。

电缆隧道(沟)在进入建筑物(如变配电所)处,或电缆隧道每隔 100m 处,应设带门的防火隔墙(对电缆沟只设隔墙),以防止电缆发生火灾时烟火蔓延扩大,且可防小动物进入室内。电缆隧道应尽量采用自然通风,当电缆热损失超过 150~200W/m 时,需考虑机械通风。

(2) 电缆排管。电缆敷设在排管中,可免受机械损伤,并能有效防火,但施工复杂,检修和更换都不方便,散热条件差,需要降低电缆载流量。电缆排管的孔眼直径,电力电缆应大于 100mm,控制电缆应大于 75mm,孔眼中电缆占积率为 65%。电缆排管材料选择,高于地下水位 1m 以上的可用石棉水泥管或混凝土管;对潮湿地区,为防电缆铅层受到化学腐蚀,可用 PVC(塑料)管。

(3) 壕沟(直埋)。将电缆直接埋在地下,既经济方便,又可防火,但易受机械损伤、化学腐蚀、电腐蚀,故可靠性差,且检修不便,多用于工业企业中电缆根数不多的地方。一般,电缆埋深不得小于 700mm,壕沟与建筑物基础间距要大于 600mm。电缆引出地面时,为防止机械损伤,应用 2m 长的金属管或保护罩加以保护；电缆不得平行敷设于管道的上方或下面。

（4）电缆竖井。竖井是电缆敷设的垂直通道。竖井多用砖和混凝土砌成的，在有大量电缆垂直通过处采用，如发电厂的主控室，高层建筑的楼层间等。竖井在地面，设有防火门，通常做成封闭式，底部与隧道或沟相连；在每层楼板处设有防火分隔。高层建筑竖井一般位于电梯井道两侧和楼梯走道附近。竖井还可做成钢结构固定式，竖井截面视电缆多少而定，大型竖井截面为 $4\sim5m^2$，小的只有 $0.9m\times0.5m$ 不等。

高层建筑竖井会产生烟囱效应，容易使火势扩大，蔓延成灾。因此，在高层建筑的每层楼板处都应隔开；穿行管线或电缆孔洞，必须用防火材料封堵。

（5）电缆桥架。电缆架空敷设在桥架上，其优点是无积水问题，避免了与地下管沟交叉相碰，成套产品整齐美观，节约空间；封闭桥架有利于防火、防爆、抗干扰。缺点是：耗材多，施工、检修和维护困难，受外界引火源（油、煤粉起火）影响的概率较大。

（6）电缆穿管。电缆一般在出入建筑物，穿过楼板和墙壁，从电缆沟引出地面 2m、地下深 0.25m 内，以及与铁路、公路交叉时，均要做穿管给予保护。保护管可选用水煤气管，腐蚀性场所可选用 PVC 塑料管。管径要大于电缆外径的 1.5 倍。保护管的弯曲半径不应小于的所穿电缆的最小允许弯曲半径。

问 241　电缆敷设有哪些要求？

（1）电缆质量。电缆敷设严禁有铰接、铠装压扁、护层断裂和表面划伤等缺陷。

（2）检验电缆。电缆敷设施工前，应检验电缆电压系列、型号、规格等是否符合设计要求，表面有无损伤。对于低压电力电缆和控制电缆，应用兆欧表测试其绝缘电阻值。500V 及以下电缆应选用 250V 或 500V 兆欧表，其绝缘电阻值应符合规范规定，并将测试参数记录在案，以便与竣工试验时做对比。

（3）电缆排列要求。电缆敷设排列整齐，电力电缆和控制电缆一般应分开排列；当同侧排列时，控制电缆应敷设在电力电缆的下面，一般电压低的电缆敷设在电压高的电缆的下面。

（4）电缆保护管。电缆在屋内埋地敷设或通过墙壁、楼板和进出入建筑物、上下电线杆时，均应穿电缆保护管加以保护，保护管管径应大于 1.5 倍电缆外径。

（5）电缆标志牌。电缆的首端、末端和分支处应设置标志牌。

（6）电缆敷设环境温度。电缆敷设的环境温度不宜过低。当环境温度太低时，可采用暖房、暖气或电流将电缆预加热。如提高环境温度加热，当温度为 $5 \sim 10℃$ 时，约需 72h；当温度为 $25℃$ 时，需 $24 \sim 36h$。如通电流加热，加热电流不应超过电缆额定电流的 $70\% \sim 80\%$，但电缆的表面温度不应超过 $35 \sim 40℃$。电缆敷设的最低温度见表 7-3。

表 7-3 电缆敷设的最低温度

电缆类型	电缆结构	最低允许敷设温度（℃）
油浸纸绝缘电力电缆	充油电缆	−10
	其他油脂电缆	0
橡皮绝缘电力电缆	橡皮或聚氯乙烯护套	−15
	裸铅套	−20
	铅护套钢带铠装	−17
塑料绝缘电力电缆	全塑电缆	0
控制电缆	耐寒护套	−20
	橡皮绝缘聚氯乙烯护套	−15
	聚氯乙烯绝缘聚氯乙烯护套	−10

问 242 电缆敷设有哪些步骤？

电缆敷设的步骤为：搬运电缆→检验电缆→预埋件→电缆铺

设→电缆绞线→电缆接线。

（1）搬运电缆。电缆一般包装在专用的电缆盘上，搬运时，可采用人工滚动的方法进行，一般不允许将电缆盘平放。

（2）检验电缆。按规定检验电缆的电压、型号、规格、绝缘电阻等参数，并应符合设计施工图要求。

（3）预埋件。在土建施工时，应按设计要求埋设电缆保护管及电缆支架等预埋件和固定件等（当其工作由土建人员进行时，应及时检查，发现问题及时纠正）。

（4）电缆铺设。少数控制电缆的放线形式及方法与导线放线相类似，电缆放线时不应使电缆产生缠绕现象，电缆铺设时应按要求固定牢靠。土建施工完毕后，即可进行电缆铺设（敷设），电缆铺设时应按要求固定牢靠。

（5）电缆绞线。电缆敷设完毕后，即可按导线的校线方法进行电缆绞线工作，并做好导线终端接线端子标号牌。

（6）电缆接线。电缆绞线工作完毕后，即可按施工图和导线终端要求，将电缆与消防电气设备连接起来。

第四节　消防系统的接地

问 243　　接地包括哪些种类？

为了保证设备的可靠运行和人身、设备的安全，电力设备应该接地。接地就是把设备的某一部分通过接地装置和大地相连接；其中，把设备正常工作时不带电的金属部分先和低压电网的中性线相连接，并通过中性线的接地部分与大地连成一体，这也是一种接地的形式。

按接地的作用可分为工作接地、保护接地、重复接地、防雷接地和防静电接地等。

1. 工作接地

在正常工作或事故的运行情况下，为保证电气设备可靠地运行，把电气设备的某一部分进行接地，称为工作接地。例如：电力变压器中性点的接地，某些通信设备及广播设备的正极接地，共用电视接收天线用户网络的接地，电子计算机的工作接地等不属于这一类接地。

2. 保护接地

电气设备的金属外壳，由于绝缘损坏有可能带电。为防止这种电压危及人身安全而设置的接地称为保护接地。

3. 重复接地

变压器中性线的接地，一般在变电所内做接地装置。在其他场合，有时把中性线再次与大地连接，称为重复接地。当电网中发生绝缘损坏使设备外壳带电时，重复接地可以降低中性线的对地电压；当中性线发生断线故障时，重复接地可使危害的程度减轻。

4. 防雷接地

防雷接地的作用是将接闪器引入的雷电流泄入地中；将线路上传入的雷电流通过避雷器或放电间隙泄入地中。此外，防雷接地还能将雷云静电感应产生的静电感应电荷引入地中以防止产生过电压。

5. 防静电接地

静电主要由不同物质相互摩擦而产生，静电所造成的危害是多方面的，最主要的危害是由于静电电压引起火花放电，造成易爆、易燃建筑物的爆炸或起火。接地是消除静电危害的最有效和最简单的措施。

问 244   **低压配电系统接地有哪些形式？**

低压电网接地系统的设计与用电安全有密切的关系。按照国际电工委员会（IEC）的规定，低压配电系统常见的接地形式有三种，即 TT 系统、IT 系统和 TN 系统。工业与民用建筑中的 380/220V 低压配电系统，为防止用电设备因绝缘损坏而使人触电的危险，多采用 TT 系统（中性点直接接地系统）。

1. TT 系统

TT 系统是指电源中性点直接接地，而用电设备正常不带电的外露可导电（金属）部分，通过保护线与电源直接接地点无直接关联的接地体作良好的金属性连接，如图 7-7 所示。

2. IT 系统

IT 系统是指电源中性点不直接接地，而用电设备正常不带电的外露可导电部分，通过保护线（PE）与接地体做良好的金属连接，如图 7-8 所示。

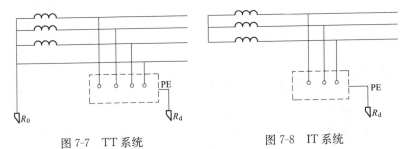

图 7-7　TT 系统　　　　　　　图 7-8　IT 系统

3. TN 系统

TN 系统是指电力系统有一点（如电源中性点）直接接地，用电设备外露可导电部分，通过保护线（PE）与接地点做良好的金属性连接。TN 系统按照中性线（N）与保护线（PE）组合的情况，又分为三种形式，如图 7-9 所示。

（1）TN-C 系统。该系统中，中性线（N）与保护线（PE）合用一根导线。合用导线称 PEN 线，如图 7-9（a）所示。

（2）TN-S 系统。该系统中，中性线（N）与保护线（PE）是分开的，如图 7-9（b）所示。

（3）TN-C-S 系统。该系统靠电源侧的前一部分中性线与保护线是合一的，而后一部分则是分开的，如图7-9（c）所示。

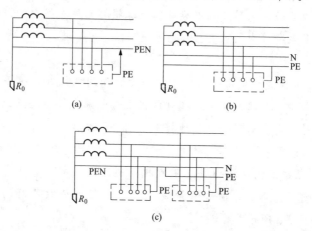

图 7-9　TN 系统

（a）TN-C 系统；（b）TN-S 系统；（c）TN-C-S 系统

问 245　接地系统如何能够安全运行？

1. IT 系统

在 IT 系统中，应将电气设备外壳接地，形成保护接地方式，以有效提高设备安全性。

但是，在 IT 系统采用保护接地时，若同一台变压器供电的两台电气设备同时发生碰壳接地，则两台设备外壳都要承受大于 $0.866U_\mathrm{X}$（U_X 是相电压）的电压，对人身安全不利，而且容易对周围金属构件（如电线管）发生火花放电，引起火灾。解决方法是：采用金属导线将两个保护接地的接地体直接连接（图7-10），形成共同接地方式，使两相分别接地变成相间短路，促使保护装置迅速动作，切除设备电源，以达到安全目的。

2. TN 系统

在 TN 系统中，应对电气设备采取保护接零，同时须与熔断器或自动空气开关等保护装置配合应用，才能起到有效的保护作用。

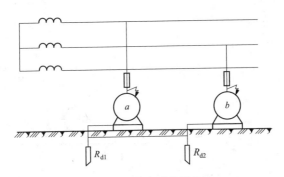

图 7-10 双碰壳时共同接地

在 TN 系统中，不能采用有些设备保护接地、有些设备保护接零的不合理接地方式。其原因是，由同一台发电机，或同一台变压器，或同一段母线供电的线路不应采用两种工作制。否则，当采用保护接地措施的设备发生碰壳接地时，设备外壳和接地线上会长期存在危险电压，也会使采用保护接零措施的设备外壳电压升高，扩大故障范围。

3. 重复接地

TN 系统将电气设备外壳与 N(PEN) 线相接，可以使漏电设备从线路中迅速切除，但并不能避免漏电设备对地危险电压的存在，同时当 N(PEN) 线断线的情况下，设备外壳还存在着承受接近相电压的对地电压，继电保护的动作时间也没有达到最低程度。为了使 TN 系统中电气设备处于最佳的安全状态，还必须对其 N(PEN) 线进行重复接地，也就是将 TN 系统中 N(PEN) 线上一处或多处通过接地装置与大地再次连接，如图 7-11 所示。

当电网中发生绝缘损坏使电气设备外壳带电时，与单纯接零措施相比较，重复接地可以进一步降低中性线的对地电压，提高安全性；如果能使重复接地电阻值降低，则安全性更高，因而在线路中多处重复接地可以降低总的重复接地电阻。当中性线（PEN 线）发生断线故障时，重复接地可使危害的程度减轻，对人身安全

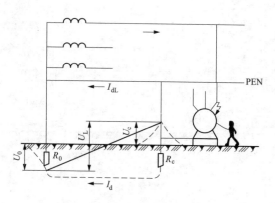

图 7-11　有重复接地的 TN 系统

有利。

一般，重复接地可以从 PEN 线上直接接地，也可以从电气设备外壳上接地。户外架空线宜在线路终端接地，分支线宜在超过 200m 的分支处接地，高压与低压线路应在同杆敷设段的两端接地。以金属外皮做中性线的低压电缆，也要重复接地。工厂车间内宜采用环型重复接地，中性线与接地装置至少有两点连接。

4. 中性线的选择

变压器中性点引出的中性线可采用钢母线；工厂车间若为 TN-C-S 系统，则行车轨道、金属结构构件可选作保护接地线，设备外壳都与它相连，外壳不会有危险电压。

专用中性线的截面应大于相线截面的一半；四芯电缆的中性线与电缆钢铠焊接后，也可作为 TN 系统的 N(PEN) 线；金属钢管也可以作为中性线使用，但爆炸危险环境 N 线和 PEN 线必须分开敷设。

严格来讲，在 TN 系统的 PEN 线上不允许装设开关和熔断器，否则会使接零设备上呈现危险的对地电压。在 380V/220V 系统中的 PEN 线和具有接零要求的单相设备，不允许装设开关和熔断器。如果装设自动开关，只有当过流脱扣器动作后能同时切断相线时，才允许在 PEN 线上装设过流脱扣器。

问 246　接地故障发生火灾有哪些原因？

接地装置是由接地体和接地线两部分组成的，其基本作用是给接地故障电流提供一条经大地通向变压器中性接地点的回路；对雷电流和静电电流唯一的作用是构成与大地间的通路。无论哪种电流，当其流过不良的接地装置时，均会形成电气点火源，引起火灾。由接地故障形成电气点火源的常见现象如下：

（1）当绝缘损坏时，相线与接地线或接地金属物之间的漏电，形成火花放电。

（2）在接地回路中，因接地线接头太松或腐蚀等，使电阻增加形成局部过热。

（3）在高阻值回路，流通的故障电流沿邻近阻抗小的接地金属结构流散时，若是向煤气管道弧光放电，则会将煤气管击穿，使煤气泄漏而着火。

（4）在低阻值回路，若接地线截面过小，会影响其热稳定性，使接地线产生过热现象。

因此，一般要求接地装置连接可靠，具有足够的机械强度、载流量和热稳定性，采用防腐、防损伤措施，达到有关安全间距要求。

必须说明，即使接地装置完善，如果接地故障得不到及时的切除，故障电流会使设备发热，甚至产生电弧或火花，同样会引起电气火灾。

问 247　接地故障火灾预防有哪些措施？

（1）基本保护措施。在接地系统设计时，要按下列基本原则综合考虑保护措施，确保系统安全。

1）TT 系统、IT 系统中，电气设备应采用保护接地或共同接地措施。

2）TN 系统中，电气设备应采用保护接零或重复接地措施。

3）TN 系统中，不能采用有些设备接地、有些设备接零的不合理接地方式。

4）TN 系统中，在 PEN 线上不要装设开关和熔断器，防止接零设备上呈现危险的地电压。

（2）保证接地装置安全。一般对接地装置的安全要求如下：

1）可靠性连接。为保证导电的连续性，接地装置必须连接可靠。一般均采用焊接，其搭接长度，扁钢为其宽度的 2 倍，圆钢为其直径的 6 倍。当不宜于焊接时，可以用螺栓和卡箍连接，并应有防松措施，确保电气接触良好。在管道上的表计和阀门法兰连接处，可使用塑料绝缘垫，以提高密封性，并用跨接线连通电气道路；建筑物伸缩缝处，同样要敷设跨接线。

2）机械强度。接地线和零线宜采用钢质材料，有困难时可用铜、铝，但埋地时不能用裸铝，因易腐蚀。对移动设备的接地线和中性线应采用 0.75～1.5mm 以上多股铜线，电缆线路的零线可用专用芯线或铅、铝皮。接地线最小截面应符合有关规定。

3）防腐与防损伤。对于敷设在地下或地上的钢制接地装置，最好采用镀锌元件，焊接部位应做防腐处理，如涂刷沥青油或防腐漆等；在土壤的腐蚀性比较强时，应加大接地装置的截面特别在使用化学方法处理土壤时，要注意提高接地体的耐腐蚀性。

在施工设计中，接地线和中性线要尽量安在人易接触且又容易检查的地方。在穿越铁路、墙或跨越伸缩缝时可用角钢、钢管加以保护，或弯成弧状，以防机械损伤和热胀冷缩造成机械应力，将其破坏。对明敷接地线应涂成黑色，中性线涂成淡蓝色，这样既可作为接地线和中性线的标志，又可防腐。

4）安全距离。接地体与建筑物的距离不宜小于 1.5m，接地线与独立避雷针接地线之地中距离不应小于 3m。独立避雷针及其接地装置与道路或建筑物出入口等的距离应大于3m。接地干线至少应在不同的两点与接地网相连接。自然接地体至少应在不同的两点与接地干线相连接。

有时防雷接地与电气设备接地装置要连接在一起，这时每个接地部分应以单独接地线与接地干线相连，不得在一个接地线中串接几个需要接地部分。

5）足够的载流量和热稳定性。在小接地短路电流系统中，与设备和接地极连接的钢、铜、铝接地线，在流过单相短路电流时，由于作用的时间较长，会使接地线温度升高，所以规定接地线敷设在地上部分不超过150℃，敷设在地下的不超过100℃，并以此允许温度校验其载流量和选择截面。

（3）等电位联结。低压配电系统实行等电位联结，对防止触电和电气火灾事故的发生具有重要作用。等电位连接可降低接地故障的接触电压，从而减轻由于保护电器动作带来的不利影响。

等电位联结有总等电位联结和辅助等电位联结两种。所谓总等电位联结，是在建筑物的电源进户处将PE干线、接地干线、总水管、总煤气管、采暖和空调立管相连接，建筑物的钢筋和金属构件等也与上述部分相连，从而使以上部分处于同一电位。总等电位联结是一个建筑物或电气装置在采用切断故障电路防人身触电和火灾事故措施中必须设置的。

所谓辅助等电位联结则是在某一局部范围内将上述管道构件做再次相同连接，它作为总等电位联结的补充，用以进一步提高用电安全水平。

（4）装设漏电保护器。在低压配电系统中，有时熔断器和自动开关不能及时、安全地切除故障电路，为此低压电网中可使用漏电保护器防止漏电引起的触电和火灾事故。

装设漏电保护器，可进一步提高用电安全水平，大大提高TN系统和TT系统单相接地故障保护灵敏度；可以解决环境恶劣场所的安全供电问题；可以解决手握式、移动式电器的安全供电问题；可以避免相线接地故障时设备带危险的高电位以及避免人体直接接触相线所造成的伤亡事故。装设漏电保护器对防止电气火灾意义重大，数值不大的故障电流长时间通过木材表面或非防火绝缘材料时，都有可能引起燃烧或短路而造成火灾，采用漏电保护器可及时检测到这些情况。

漏电保护器是针对低压电路的接地故障，利用对地短路电流或泄漏电流而自动切断电路的一种电气保护装置。漏电保护器按其工作原理分为电压型和电流型两种，目前使用最多的是电流型漏电保护器，其原理如图 7-12 所示。

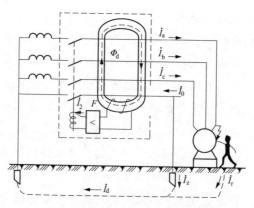

图 7-12　电流型漏电保护器原理图

除以上接地故障火灾预防措施外，还可通过降低接地电阻来降低接触电压。降低接地电阻的方法有换土法、深埋接地体法、外引式接地装置法、长效降阻剂法等。一般，在建筑工程竣工验收和消防监督检查中都要测量接地电阻，如不符合要求应采取措施。

问 248　消防系统接地有哪些要求？

（1）消防控制室一般应根据设计要求设置专用接地装置作为工作接地（是指消防控制设备信号地域逻辑地）。当采用独立工作接

地时电阻不应大于 4Ω，当采用联合接地时，接地电阻不应大于 1Ω。

（2）火灾自动报警与联动系统应设置专用接地干线（或等电位连接干线），由消防控制室穿管后引至接地体或总等电位联结端子板。

（3）控制室引至接地体的接地干线应采用一根截面不小于 $16mm^2$ 的铜芯软质绝缘导线或单芯电缆，穿入保护管后，两端分别压接在控制设备工作接地板和室外接地体上。

（4）消防控制室的工作接地板引至各消防控制设备和火灾报警控制器的工作接地线应采用横截面积不小于 $4mm^2$ 的铜芯绝缘线，穿入保护管后构成一个零电位的接地网络，以保证火灾报警设备的工作稳定可靠。

（5）接地装置在施工过程中，应分不同阶段做电气接地装置隐检、接地电阻摇测、平面示意图等质量检查记录。

问 249 消防控制室（中心）的系统接地有哪些要求？

消防控制室内火灾自动报警系统采用专用接地装置时，其接地电阻值应不大于 4Ω，采用共用接地装置时，接地电阻值不应大于 1Ω。

火灾自动报警系统应设置专用的接地干线，并应在消防控制室设置专用接地板。为了提高可靠性和尽量减少接地电阻，专用接地干线从消防控制室专用接地板用线芯截面面积不小于 $25mm^2$ 的铜芯绝缘导线穿钢管或硬质塑料管埋设至接地体。由消防控制室专用接地板引至各消防设备的专用接地线采用线芯横截面积不小于 $4mm^2$ 铜芯绝缘导线。

采用交流供电的消防电子设备的金属外壳和金属支架等应作保护接地，此接地线应与电气保护接地干线（PE 线）可靠相连。

设计中采用共用接地装置时，应注意接地干线的引入段不能采用扁钢或裸铜排等，以避免接地干线与防雷接地、钢筋混凝土墙等直接接触，影响消防电子设备的接地效果。接地干线应从接地板引至建筑最底层地下室的钢筋混凝土柱基础作共用接地点，而不能从消防控制室上直接焊钢筋引出。

火灾自动报警系统接地装置示意图，如图 7-13 所示。

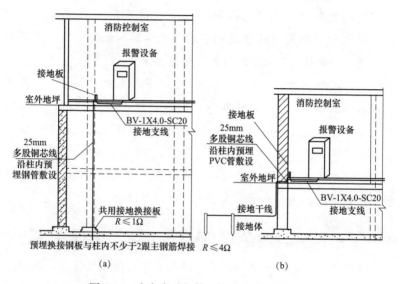

图 7-13　火灾自动报警系统接地装置示意图

（a）共用接地装置示意图；（b）专用接地装置示意图

参 考 文 献

[1] 张格梁. 建筑防火设计指南［M］. 北京：中国建筑工业出版社，2018.

[2] 毕伟民. 消防全攻略 建筑防火［M］. 北京：煤炭工业出版社，2019.

[3] 石敬炜. 建筑消防工程设计与施工手册（第二版）［M］. 北京：化学工业出版社，2019.

[4] 程琼. 智能建筑消防系统［M］. 北京：电子工业出版社，2018.

[5] 李天荣，龙莉莉，陈金华. 建筑消防设备工程（第 4 版）［M］. 重庆：重庆大学出版社，2019.

[6] 孙萍. 建筑消防与安防［M］. 北京：人民交通出版社，2018.

[7] 韩大伟，张俊芳. 建筑防火设计原理［M］. 浙江：浙江大学出版社，2018.